“十四五”高等职业教育新形态一体化教材

信息技术课程系列

Python 程序设计项目教程

于 京 胡 亦 陈平生◎主编

中国铁道出版社有限公司
CHINA RAILWAY PUBLISHING HOUSE CO., LTD.

内 容 简 介

本书是“十四五”高等职业教育新形态一体化教材之一，采用项目教学方式，针对软件开发人才的知识技能和素质需求，精心组织教学案例，搭建从语言基本知识，到数据结构的使用，再到软件工程应用逐步提高的阶梯。本书共九个项目，主要包括准备Python开发环境、利用函数机制完成三角形面积的求解、通过开发桥牌游戏学习流程控制和随机数、开发一个万年历、开发一个背单词程序、开发一个系统自动化清理工具、开发一个网络数据可视化工具、利用面向对象的方法求三角形面积、开发图形界面的数据可视化工具。本书坚持理论与实践相结合，突出项目案例的多样性和实用性，关注细节和解释程序。

本书适合作为高职程序设计基础等课程教材，也可作为Python爱好者学习的参考用书。

图书在版编目（CIP）数据

Python程序设计项目教程 / 于京，胡亦，陈平生主编．-- 北京 : 中国铁道出版社有限公司，2025．4．
（“十四五”高等职业教育新形态一体化教材）．
ISBN 978-7-113-30857-5

Ⅰ．TP311.561

中国国家版本馆CIP数据核字第2024XU2714号

书　　名：Python 程序设计项目教程
作　　者：于　京　胡　亦　陈平生

策　　划：王春霞　　　　编辑部电话：（010）63551006
责任编辑：王春霞　李学敏
封面设计：高博越
责任校对：安海燕
责任印制：樊启鹏

出版发行：中国铁道出版社有限公司（100054，北京市西城区右安门西街8号）
网　　址：https://www.tdpress.com/51eds
印　　刷：河北宝昌佳彩印刷有限公司
版　　次：2025年4月第1版　2025年4月第1次印刷
开　　本：850 mm×1 168 mm　1/16　印张：12.25　字数：281千
书　　号：ISBN 978-7-113-30857-5
定　　价：45.00元

"十四五"高等职业教育新形态一体化教材

编审委员会

序

2021 年十三届全国人大四次会议表决通过的《中华人民共和国国民经济和社会发展第十四个五年规划和 2035 年远景目标纲要》，对我国社会主义现代化建设进行了全面部署。“十四五”时期对教育的定位是建立高质量的教育体系，对职业教育的定位是增强职业教育的适应性。当前，在百年未有之大变局下，在“十四五”开局之年，如何切实推动落实《国家职业教育改革实施方案》《职业教育提质培优行动计划（2020—2023 年）》等文件要求，是新时代职业教育适应国家高质量发展的核心任务。随着新科技和新工业化发展阶段的到来和我国产业高端化转型，必然引发企业用人需求和聘用标准发生新的变化，以人才需求为起点的高职人才培养理念使创新中国特色人才培养模式成为高职战线的核心任务，为此国务院和教育部制定和发布了包括“1+X”职业技能等级证书制度、专业群建设、“双高计划”、专业教学标准、信息技术课程标准、实训基地建设标准等一系列的文件，为探索新时代中国特色高职人才培养指明了方向。

要落实国家职业教育改革一系列文件精神，培养高质量人才，就必须解决“教什么”的问题，必须解决课程教学内容适应产业新业态、行业新工艺、新标准要求等难题，教材建设改革创新就显得尤为重要。国家这几年对于职业教育教材建设加大了力度，2019 年，教育部发布了《职业院校教材管理办法》（教材〔2019〕3 号）、《关于组织开展“十三五”职业教育国家规划教材建设工作的通知》（教职成司函〔2019〕94 号），在 2020 年又启动了《首届全国教材建设奖全国优秀教材（职业教育与继续教育类）》评选活动，这些都旨在选出具有职业教育特色的优秀教材，并对下一步如何建设好教材进一步明确了方向。在这种背景下，坚持以习近平新时代中国特色社会主义思想为指导，落实立德树人根本任务，适应新技术、新产业、新业态、新模式对人才培养的新要求，中国铁道出版社有限公司邀请我与鲍洁教授共同策划组织了“‘十四五’高等职业教育新形态一体化教材”，尤其是我国知名计算机教育专家谭浩强教授、全国高等院校计算机基础教育研究会会长黄心渊教授对课程建设和教材编写都提出了重要的指导意见。这套教材在设计上把握了如下几个原则：

1. 价值引领、育人为本。牢牢把握教材建设的政治方向和价值导向，充分体现党和国家的意志，体现鲜明的专业领域指向性，发挥教材的铸魂育人、关键支撑、固本培元、文化交流等功能和作用，培养适应创新型国家、制造强国、质量强国、网络强国、数字中国、智慧社会需要的不可或缺的高层次、高素质技术技能型人才。

2. 内容先进、突出特性。充分发挥高等职业教育服务行业产业优势，及时将行业、产业的新技术、新工艺、新规范作为内容模块，融入教材中去。并且为强化学生职业素养养成和专业技术积累，将专业精神、职业精神和工匠精神融入教材内容，满足职业教育的需求。此外，为适应项目学习、案例学习、模块化学习等不同学习方式要求，注重以真实生产项目、典型工作任务、案例等为载体组织教学单元的教材、新型活页式、工作手册式等教材，力求教材反映人才培养模式和教学改革方向，有效激发学生学习兴趣和创新潜能。

3. 改革创新、融合发展。遵循教育规律和人才成长规律，结合新一代信息技术发展和产业变革对人才的需求，加强校企合作、深化产教融合，深入推进教材建设改革。加强教材与教学、教材与课程、教材与教法、线上与线下的紧密结合，信息技术与教育教学的深度融合，通过配套数字化教学资源，打造满足教学需求和符合学生特点的新形态一体化教材。

4. 加强协同、锤炼精品。准确把握新时代方位，深刻认识新形势新任务，激发教师、企业人员内在动力。组建学术造诣高、教学经验丰富、熟悉教材工作的专家队伍，支持科教协同、校企协同、校际协同开展教材编写，全面提升教材建设的科学化水平，打造一批满足学科专业建设要求，能支撑人才成长需要、经得起实践检验的精品教材。

按照教育部关于职业院校教材的相关要求，充分体现工业和信息化领域相关行业特色，以高职专业和课程改革为基础，编写信息技术课程、专业群平台课程、专业核心课程等所需教材。本套教材计划出版4个系列，具体为：

1. 信息技术课程系列。教育部发布的《高等职业教育专科信息技术课程标准（2021年版）》给出了高职计算机公共课程新标准，新标准由必修的基础模块和由12项内容组成的拓展模块两部分构成。拓展模块反映了新一代信息技术对高职学生的新要求，各地区、各学校可根据国家有关规定，结合地方资源、学校特色、专业需要和学生实际情况，自主确定拓展模块教学内容。在这种新标准、新模式、新要求下构建了该系列教材。

2. 电子信息大类专业群平台课程系列。高等职业教育大力推进专业群建设，基于产业需求的专业结构，使人才培养更适应现代产业的发展和职业岗位的变化。构建具有引领作用的专业群平台课程和开发相关教材，彰显专业群的特色优势地位，提升电子信息大类专业群平台课程在高职教育中的影响力。

3. 新一代信息技术类典型专业课程系列。以人工智能、大数据、云计算、移动通信、物联网、区块链等为代表的新一代信息技术，是信息技术的纵向升级，也是信息技术之间及其与相关产业的横向融合。在此技术背景下，围绕新一代信息技术专业群（专业）建设需要，重点聚焦这些专业群（专业）缺乏教材或者没有高水平教材的专业核心课程，完善专业教材体系，支撑新专业加快发展建设。

4. 本科专业课程系列。在厘清应用型本科、高职本科、高职专科关系，明确高职本科服务目标，准确定位高职本科基础上，研究高职本科电子信息类典型专业人才培养方案和课程体系，在培养高层次技术技能型人才方面，组织编写该系列教材。

新时代，职业教育正在步入创新发展的关键期，与之配合的教育模式以及相关的诸多建设都在深入探索。本套教材建设按照“选优、选精、选特、选新”的原则，发挥高等职业教育领域的院校、企业的特色和优势，调动高水平教师、企业专家参与，整合学校、行业、产业、教育教学资源，充分认识到教材建设在提高人才培养质量中的基础性作用，集中力量打造与我国高等职业教育高质量发展需求相匹配、内容和形式创新、教学效果好的课程教材体系，努力培养德智体美劳全面发展的高层次、高素质技术技能人才。

本套教材内容前瞻、体系灵活、资源丰富，是值得关注的一套好教材。

国家职业教育指导咨询委员会委员
北京高等学校高等教育学会计算机分会理事长
全国高等院校计算机基础教育研究会荣誉副会长
2021 年 8 月

前 言

在当今信息化、人工智能高速发展的时代，编程技能已成为各行各业不可或缺的一部分。Python 作为一种易于入门、功能强大且应用广泛的编程语言，越来越受到各个行业的青睐。由于 Python 语言的编写效率高，所以在数据分析、人工智能、网络爬虫、自动化运维、Web 开发等领域，都发挥着举足轻重的作用。

本书是“十四五”高等职业教育新形态一体化教材之一，采用项目教学方式，针对软件开发人才的知识技能和素质需求，精心组织教学案例，搭建从语言基本知识到数据结构的使用再到软件工程应用逐步提高的阶梯。涵盖了 Python 的基础语法和常用库的使用，结合了大量的实际项目案例，让读者能够在实践中学习和掌握 Python 编程。

本书尽力把 Python 程序设计和软件开发的概念放在一个恰当的情景中并加以应用，使学生能够体验“概念”的真实含义和应用方法，从而启发学生逐步构建自己的编程思维。本书的编排采用了有利于学习软件开发的项目化形式，通过项目实践与解析、知识点总结、实践训练等模块完成一个项目，并完全覆盖了全国计算机等级考试二级（Python 语言）的内容。

本书共九个项目，主要包括准备 Python 开发环境、利用函数机制完成三角形面积的求解、通过开发桥牌游戏学习流程控制和随机数、开发一个万年历、开发一个背单词程序、开发一个系统自动化清理工具、开发一个网络数据可视化工具、利用面向对象的方法求三角形面积、开发图形界面的数据可视化工具。

本书主要特色如下：

1. 坚持理论与实践相结合。我们深知单纯的理论学习是枯燥乏味的，因此在本书中，尽可能地通过实际项目案例来讲解 Python 的语法和库的使用。这样，读者不仅能够在实践中加深理解，还能够更快地掌握相关技能。

2. 突出项目案例的多样性和实用性。本书中的项目案例涵盖了数据分析、人工智能、网络爬虫、自动化运维和 Web 开发等多个领域。读者可以根据自己的兴趣和学习目标，选择适合自己的项目案例进行学习。

3. 关注细节和解释程序。对于初学者来说，对细节的解释和说明能够帮助他们更好地理解 Python 的语法和库的使用；对于有一定经验的读者来说，这些解释和说明也能够为他们提供一些新的思路和启示。

为了更好地学习，我们特别提醒读者要动手实践。学习编程最重要的是动手实践。在阅读本书时，建议读者跟随步骤，自己编写和运行代码。这样不仅能够加深理解，还能够提高自己的编程能力。编程是一门不断发展和变化的课程，建议读者在完成本书的学习后，继续深入学习 Python 的其他高级特性和库的使用，并关注最新的技术动态和发展趋势。另外，书中所需代码、课件等资源，读者可登录中国铁道出版社有限公司教育资源数字化平台 https://www.tdpress.com/51eds 获取。

我们希望本书能够帮助读者更好地掌握 Python 编程技能，并在实际工作和生活中发挥重要作用。如果您在学习过程中有任何问题或建议，欢迎随时与我们联系。祝您学习愉快！

由于编者水平有限、时间仓促，书中难免存在不妥及疏漏之处，敬请读者批评指正！

编　者

2025 年 1 月

目　录

项目 1

准备 Python 开发环境

本项目通过一个求三角形面积的案例快速带领读者进入 Python 世界。通过这个案例你将了解到一些编程必须知道的内容，包括：

（1）如何在程序中添加注释。

（2）语句间的分隔符是什么。

（3）如何定义和使用变量。

（4）如何输入输出。

（5）数据类型及转换。

（6）算术运算。

学习笔记

素养要点：千里之行，始于足下

“千里之行，始于足下”出自《老子·道德经·第六十四章》。《老子》以大树、高台、千里之行一方面说明在问题或祸乱发生之前一定要提前防范或处置妥当，以免量变引起质变；另一方面说明任何事情都需要从头做起，一个好的开始往往是事情成败的关键，远大的理想和抱负需要脚踏实地地推进，才能在一个个具体目标的实现中完成看似不可能完成的任务。

项目 1 看似简单，但这是开启 Python 编程学习的第一步，从这里开始，踏踏实实走好每一步，一定能学有所获，达成目标。

1.1 项目实践与解析

1.1.1 Python 环境的介绍与安装

1. Python 语言简介

Python 是一种面向对象的解释型计算机程序设计语言，它容易入门、语法简洁、有丰富强大的类库（工具包）、开发效率高，在人工智能、大数据等领域应用广泛。同时它还适用于 Web 应用开发、科学计算、数据分析、自动化运维等各个领域。

学习笔记

2. 开发环境搭建

（1）安装 Python

安装 Python 非常简单，访问官方网站下载和操作系统对应的安装文件即可，Python 是跨平台的，支持 Windows、Mac OS 和 Linux/UNIX。本书基于 Python 3.8 版本，截至本书写作时，最新版本是 3.11.2。

（2）Python 解释器

Python 是一种解释型语言，在计算机上安装 Python 时就安装了 Python 的解释器，Python 解释器可以读取 Python 的程序语句并执行。

使用 Python 解释器有两种模式：交互模式和脚本模式。在交互模式下，解释器等待你从键盘输入 Python 语句，当你输入一条语句并回车后解释器就会执行它，然后等待输入下一条语句。在脚本模式下，解释器读取 Python 程序的全部语句并执行。

（3）交互模式

如果计算机上安装好了 Python，你可以在操作系统的命令行下输入 python，以交互模式启动 Python 解释器，如图 1-1 所示。

视频

交互模式与脚本模式

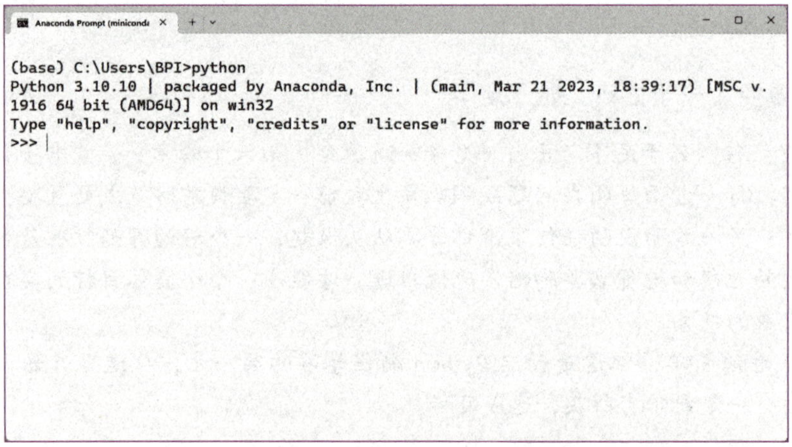

图 1-1　以交互模式启动 Python 解释器

当 Python 解释器以交互模式运行时，一般称它为 Python shell，现在看到的“>>>”是一个提示符，表示 Python 解释器正在等待输入 Python 语句。现在你可以试试输入 print(" 这是我的第一条 Python 语句 ")，这时你应该看到图 1-2 所示的结果。

需要特别注意的是语句中的所有符号都必须是英文的，否则你会看到图 1-3 所示的提示。这在后面的编程中要特别注意。

交互模式在学习 Python 时很有用，你可以在输入一条语句并获得及时反馈，要想退出交互模式，在 Windows 系统下按【Ctrl+Z】组合键然后按【Enter】键，在 Mac OS、Linux 或 UNIX 系统下，按【Ctrl+D】组合键。

学习笔记

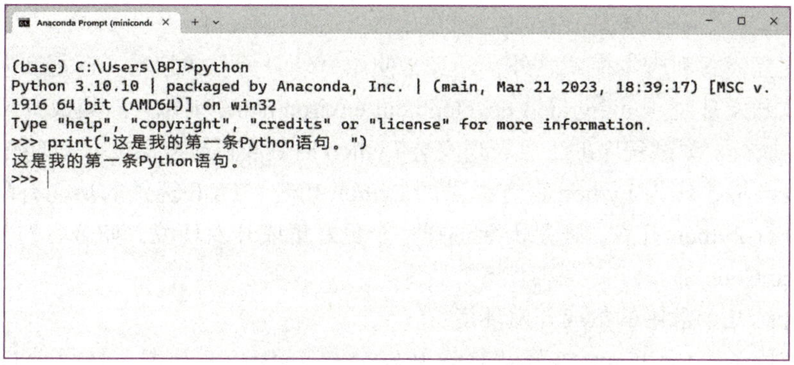

图 1-2　在交互模式执行第一条 Python 语句

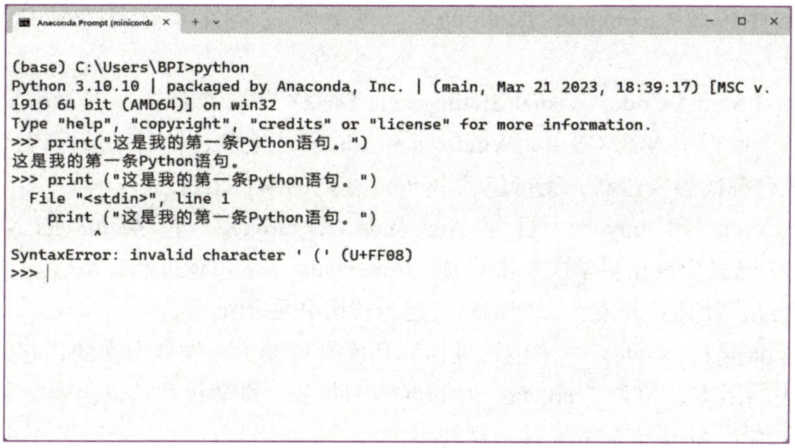

图 1-3　Python 语句中使用了中文符号产生的错误

（4）脚本模式

交互模式不会保存代码，只能简单执行并显示结果，如果你想把一组语句一起运行时，可以把这些语句保存成程序，然后在脚本模式下运行。注意，Python 的程序必须保存成扩展名为 .py 的纯文本文件。假设你把程序保存成 first.py，你可以在操作系统的命令行中进入文件保存的目录，执行 python first.py，以脚本模式运行程序，如图 1-4 所示。

图 1-4　以脚本模式运行 Python 程序

学习笔记

（5）集成开发环境

除了交互模式和脚本模式之外，还经常使用另外一种方式编写、运行和调试 Python 程序：集成开发环境（intergrated development environment，IDE）。集成开发环境是集成了编写、执行、测试程序的工具，当安装 Python 时其实已经安装了一个叫作“IDLE”的集成开发环境，作为 Python 官方提供的 Python IDE，IDLE 提供的功能有限，如果你打算长期进行 Python 开发，还是需要选择一个更好集成开发环境，如著名的 PyCharm、Visual Studio Code 等。

下面介绍几个常用的集成开发环境：

① PyCharm。PyCharm 由著名软件开发公司 JetBrains 开发，是目前最受 Python 开发者欢迎的 IDE 之一。可以到官方网站下载安装。纯 Python 开发可以选择免费的 PyCharm 社区版（Community Edition），专业开发则需要选择专业版（PyCharm Professional）。

② Visual Studio Code。Visual Studio Code（简称“VS Code”）是微软公司在 2015 年发布的一个运行于 Mac OS X、Windows 和 Linux 之上的，针对于编写现代 Web 和云应用的跨平台源代码编辑器，支持包括 Python 在内的编程语言。

③ Anaconda 和 Jupyter。目前 Anaconda 和 Jupyter（包括 Jupyter Notebook 和 JupyterLab,）已成为数据科学的标准环境。Anaconda 用于包管理和环境管理，Jupyter 可被应用于全过程计算：开发、文档编写、运行代码和展示结果。

Anaconda 是在 conda（一个包管理器和环境管理器）上发展出来的，它是一个开源的 Python 发行版本，包含了 conda、Python 等 180 多个科学包及其依赖项。

下面介绍下 Anaconda 的安装与运行。

（6）下载安装 Anaconda

你可以到 Anaconda 的官方网站下载 Anaconda，如图 1-5 所示。下载时注意选择和计算机对应的操作系统版本，截至本书写作时，最新版本是 Anaconda 2023.03。

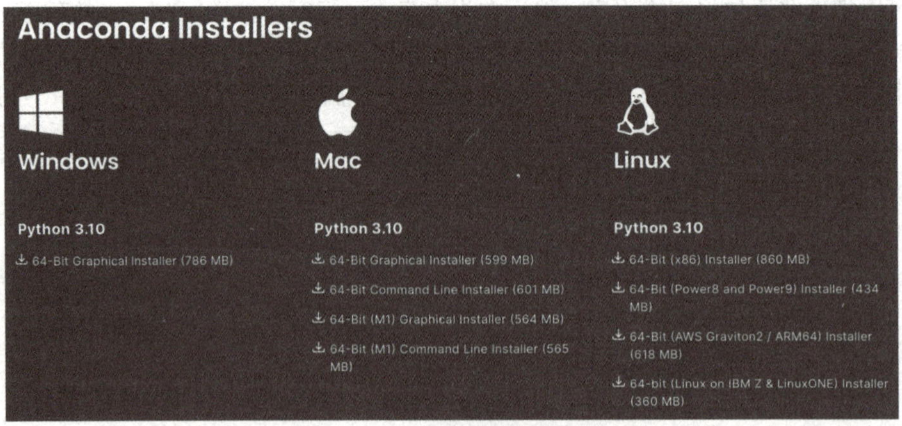

图 1-5　Anaconda 官网的下载页面

如果使用 Anaconda，那么就没有必要安装 Python 了，因为 Anaconda 中已经包含

学习笔记

了 Python，并且可以很方便地实现多版本 Python 共存。

使用 Anaconda 进行包管理和环境管理。

①管理包。

安装了 Anaconda 之后，管理包是相当简单的。要安装包，可在终端中输入 conda install package_name。例如，要安装 numpy，输入 conda install numpy。

大多数命令都是很直观的。要卸载包，使用 conda remove package_name。要更新包，使用 conda update package_name。如果想更新环境中的所有包，使用 conda update --all。最后，要列出已安装的包，使用前面提过的 conda list。如果不知道要找的包的确切名称，可以尝试使用 conda search search_term 进行搜索。例如，想安装 Beautiful Soup，但不清楚确切的包名称。因此，尝试执行 conda search beautifulsoup。

②管理环境。

创建环境：可以使用 conda 创建环境以隔离项目。要创建环境，在终端中使用 conda create -n env_name list of packages。在这里，-n env_name 设置环境的名称（-n 是指名称），而 list of packages 是安装在环境中的包的列表。例如，要创建名为 my_env 的环境并在其中安装 numpy，输入 conda create -n my_env numpy。

创建环境时，可以指定要安装在环境中的 Python 版本，这在同时使用 Python 2.x 和 Python 3.x 中的代码时很有用。要创建具有特定 Python 版本的环境，输入类似于 conda create -n py3 python=3 或 conda create -n py2 python=2 的命令。实际上，可以在个人计算机上创建这两个环境。可将它们用作与任何特定项目均无关的通用环境，以处理普通的工作（可轻松使用每个 Python 版本）。这些命令将分别安装 Python 3 和 Python 2 的最新版本。要安装特定版本（例如 Python 3.3），使用 conda create -n py python=3.3。

进入环境：创建了环境后，在 OSX/Linux 上使用 source activate my_env 进入环境。在 Windows 上，使用 activate my_env 进入环境。进入环境后，会在终端提示符中看到环境名称，它类似于 (my_env) ~ $。环境中只安装了几个默认的包，以及你在创建它时安装的包，你可以使用 conda list 检查这一点。在环境中安装包的命令与前面一样：conda install package_name。不过，这次安装的特定包仅在进入环境后才可用。要离开环境，输入 source deactivate（在 OSX/Linux 上）。在 Windows 上，使用 deactivate。

保存和加载环境：共享环境这项功能很有用，它能让其他人在代码中使用所有包，并确保这些包的版本正确。可以使用 conda env export > environment.yaml 将包保存为 YAML。命令的第一部分 conda env export 用于输出环境中的所有包的名称（包括 Python 版本）。要通过环境文件创建环境，可使用 conda env create -f environment.yaml。这会创建一个新环境，而且它具有同样的在 environment.yaml 中列出的库。

列出环境：如果忘记了环境的名称，可以使用 conda env list 列出你创建的所有环境。你会看到环境的列表，而且你当前所在环境的旁边会有一个星号。默认的环境名为 root。

删除环境：如果你不再使用某些环境，可以使用 conda env remove -n env_name 删除指定的环境（在这里名为 env_name）。

学习笔记

视频

使用Jupyter Notebook

（7）使用 Jupyter Notebook

①运行 Jupyter Notebook。

你可以打开 Anaconda 运行 Jupyter Notebook，也可以单独运行它（Windows 系统中依次单击“开始”→“所有程序”→ Anaconda 3-Juypter Notebook），Jupyter Notebook 运行会打开一个终端窗口，你能看到启动了一个 Web 服务，然后它会打开浏览器显示，如图 1-6 所示。

图 1-6 Jupyter Notebook 运行后在浏览器中显示的页面

②定义自己的工作目录。

首先应该建立一个工作目录，单击 New → Folder 命令会创建一个名为 Untitled Folder 的目录，如图 1-7 所示。

图 1-7 在 Jupyter Notebook 中建立一个工作目录

这时找到并单击 Untitled Folder 左侧的复选框，单击页面左上端的 Rename 按钮，在弹出的对话框中输入你想要修改的名字，如图 1-8 所示。

单击刚刚创建的文件夹，进入文件夹中就可以开始你的 Python 学习之旅了。

③新建 Notebook。

单击 New → Python 3 选项，创建一个 Notebook，如图 1-9 所示。

学习笔记

图 1-8 重命名工作目录

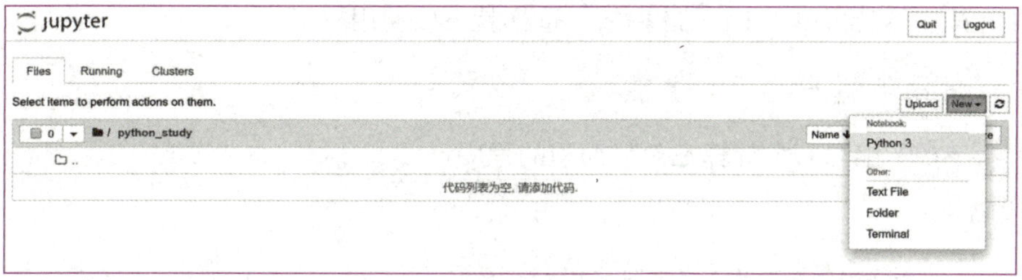

图 1-9 新建一个 Notebook

这时浏览器会打开如图 1-10 所示的新标签页，里面是新建的 Notebook，现在新建的 Notebook 名称为 Untitled，可以单击名称进行重命名。

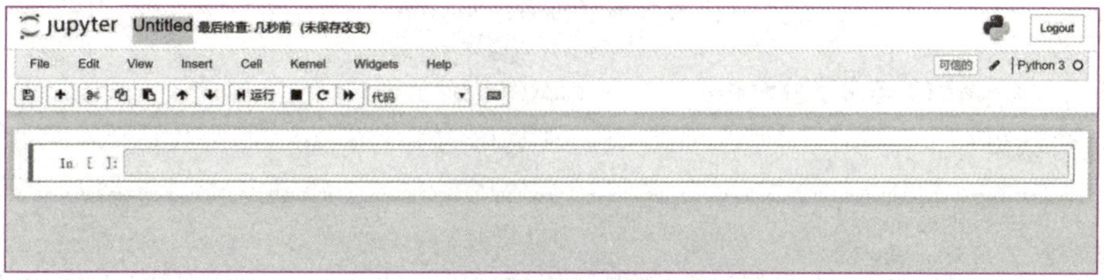

图 1-10 新建 Notebook 的页面

新建的 Notebook 里有一个单元格（cell），可以在其中写代码或者记录一些文字，试着在空白单元格中输入 print('Hello,world')，然后单击工具条上的“运行”按钮，如图 1-11 所示，在单元格下面看到这条语句运行的结果，同时新建了一个单元格。

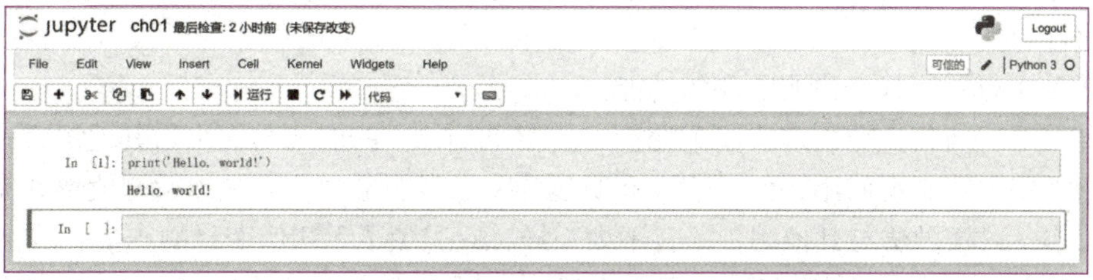

图 1-11 在 Notebook 中运行 Python 代码

Notebook 会自动保存，也可以单击工具栏上的“保存”按钮保存。用完 Notebook 后可以单击 File → Close and Halt 命令关闭它，这时会返回到主页中，你在列表中可以看到刚才创建的 Notebook。

学习笔记

④导出 Notebook。

如果想把创建的 Notebook 复制到其他计算机上或者分享给其他人，可以单击 File → Download As → Notebook(.ipynb) 命令，这样就可以把 Notebook 存储为文件。在另一台安装了 Jupyter Notebook 的计算机就可以打开这个 Notebook 查看、编辑，还可以把 Notebook 导出为 pdf、html 等格式供自己或他人查看。

⑤导入 Notebook。

如果想使用别人提供给你的 Notebook，比如本书的示例代码，需要把它导入到你的 Notebook 中，则单击 Jupyter Notebook 左上角的 Upload 按钮，选择要导入的文件，单击“打开”按钮然后再单击 Upload 按钮，这样就可以使用它了。

1.1.2 最简单的 Python 程序

例 1-1 编写一个计算三角形面积的程序。

代码如下：

```
1    # 本程序用来计算三角形面积
2    a = 0
3    h = 0
4    area = 0.0
5    a = int(input("请输入三角形的底："))
6    h = int(input("请输入三角形的高："))
7    area = a * h / 2
8    print("三角形的面积是：" + str(area))
```

运行结果如下：

```
请输入三角形的底：4
请输入三角形的高：3
三角形的面积是：
6.0
```

程序解析：

Python 程序非常简单，从书写的第一行执行，到最后一行结束，其中语句之间用“回车”分隔，也就是说每行为一个单独语句，程序中用“#”标识“注释”，所有的注释是不执行的。

①第 1 行：注释，说明程序的功能。

②第 2 ～ 4 行：分别定义三个变量，a、h 和 area。Python 与大多数其他语言一样，有变量需要先定义再使用，但是它没有明显的变量声明形式，而是以赋初值形式完成声明的工作，这样做法与其他编程语言不太一样，它避免了无初值变量的产生。

③第 5 ～ 6 行：利用 input() 函数做输入，同 C 和 Java 不同，Python 的输入可以带一个文本提示，Python 3 中 input() 函数返回的是一个字符串，这个程序中需要用户输入的是一个整数，所以需要用 int() 函数把字符串转换成整数才能进行后续的计算。

④第 7 行：一个算术表达式，用三角形面积公式计算得出了三角形面积，注意 area 变量是一个浮点型数据。

⑤第 8 行：使用 print() 函数进行了输出一个字符串 " 三角形的面积是：" 。

⑥第 9 行：使用 print() 函数输出了变量 area 所引用的数值。

学习笔记

边学边练：

◎运行程序，输入时输入一个浮点数，看看会发生什么，记录下来。

◎仿照案例编写一个计算梯形面积的程序。

1.2 知识点总结

视频

知识点总结

1.2.1 语句的分隔

Python 用分行来表示一个语句的结束，一行就是一个语句。

1.2.2 缩进

Python 最具特色的就是使用缩进来表示代码块，不需要使用大括号 {} 。缩进的空格数是可变的，但是同一个代码块的语句必须包含相同的缩进空格数。实例如下：

```
if True:
    print ("True")
else:
    print ("False")
```

以下代码最后一行语句缩进的空格数不一致，会导致运行错误：

```
if True:
    print ("Answer")
    print ("True")
else:
    print ("Answer")
  print ("False")     # 缩进不一致，会导致运行错误
```

1.2.3 注释

评价程序的一个重要依据是它的源代码是否能被人看懂，有时这甚至比它是否可以执行更重要。为此需要程序员通过标注来解释程序的目标、方法、意图、思路等，这些标注称为注释，Python 用 # 来表示从 # 标记开始到本行结束是注释。注释的内容不会被程序执行，一定要注意 Python 的注释标记只在当前行有效。

如果需要进行多行的注释，Python 提供一种变通的方法：可以利用三个单引号或双引号将语句块变成一个“字符串”，从而使原语句块失去“执行的功能”，例如：

```
'''
trans the data during downedge,start in first clk
tbyte:the data(python int)
Bwidth:how many bits in the data(8,16,32,64 ...)
```

学习笔记

```
    LMmask:LSB mask (... 0x800,0x80,0x8) or MSB mask (1)
    '''
```

这时三引号中的内容被当作一个匿名的长文本，当注释使用了。

1.2.4 值与类型

在计算机中处理的信息大致可以分为两类：数字和非数字，由于计算机处理数据时需要更详细地区分数据类型，所以进一步将数字分为：整数和带小数点的数。其中整数是 int 类型，而带小数点的数据，称为浮点型数据：float。在 Python 中，在使用前必须明确数据的使用类型，Python 的特点是不使用数据类型名称而使用数据实例来说明类型，这样的好处在于永远也不会产生未定义初值的错误。

对于非数字的量，统称为字符串，可以这样表示：使用单引号标志，或使用双引号标志，双引号中可以嵌套使用单引号，比如："这是一个'单、双引号混合使用'的字符串示例"。

Python 中的数据类型还包括复数型：complex，如 123.45j 就是一个复数。

Python 提供了一个内置函数——type 用来观察数据的类型：若有定义 a = 3，执行 print(type(a)) 之后，结果如图 1-12 所示，说明 a 是一个 int 类型的对象。

```
>>> a = 3
>>> print(type(a))
 <class 'int'>
```

图 1-12　使用 type 函数查看变量的数据类型

在编程中常用的数据类型包括：

1. 数字型

（1）整型

①整型：int。在数字中，正整数、0、负整数都称为整型。

②二进制整型。也可用二进制表示整型，print 自动转换为十进制。

（2）浮点型

①浮点型：float。含有小数点的数据都是浮点型。

②科学记数法。

（3）布尔型

布尔型：bool。布尔型数据只有两种：True、False，分别表示真假。

2. 字符串

字符串：str。用引号引起来的就是字符串。可用：单引号、双引号、三引号。

1.2.5 变量、标识符

变量代表存储在计算机存储器中某个数值的名称。

在编程语言中，一般把一个不可更改的数值称为常量（constant），一般情况下，

学习笔记

由于程序中的量参与计算时会按需要变化，所以它们被称为变量（variable）。Python 允许程序员用给数据量命名和使用程序中的值，程序员所起的名字被称为“标识符”，标识符必须遵守以下命名规范：

①可以由英文字母、数字、下划线组成（Python 3 已经支持非 ASCII 字符作为标识符，比如中文，但不建议使用）。

②第一个字符是字母或下划线。

③标识符长度不限。

④变量名内不能有空格。

⑤大小写不同。

⑥不可以使用 Python 的关键字（keyword）。

在 Python 中运行以下两行代码可以看到如图 1-13 所示的 Python 关键字。

```
>>> import keyword
>>> print(keyword.kwlist)
 ['False', 'None', 'True', 'and', 'as', 'assert', 'async', 'await', 'break', 'class', 'continue', 'def',
  'del', 'elif', 'else', 'except', 'finally', 'for', 'from', 'global', 'if', 'import', 'in', 'is', 'lamb
 da', 'nonlocal', 'not', 'or', 'pass', 'raise', 'return', 'try', 'while', 'with', 'yield']
```

图 1-13　查看 Python 的关键字

除了要遵循以上规则之外，给变量命名尽量选择能够表达变量用途的英文单词。下面比较好坏两种标识符：

①好的标识符：days_in_month、speed、aTmpValue。

②不太好的标识符：s、m2。

有时你可能需要采用由多个单词组成的变量名，一般来说建议采用下划线作为分隔符把单词分开以增强可读性，比如：pay_rate。

最后还要提示一点，尽量不要使用 Python 的内置函数名作为变量名，虽然没有强制性要求，但这样做可以避免一些不必要的麻烦。

1.2.6　常量

Python 没有直接的常量机制，但是有时确实需要提醒自己或同伴某些数据不可改变，那么将其名称大写，如 PI = 3.14。这时将 PI“看作”常量，事实上仍可以对其进行更改，之后会利用其他机制完成不可更改的常量设置。

1.2.7　输入

Python 使用 input() 函数获取用户从键盘的输入，其格式如下：

```
变量 = input("提示信息")
```

注意，input() 是一个函数，在程序中使用这个函数（一般称为“调用函数”）时，首先输入函数的名称 input，然后是一对圆括号。在圆括号内部，需要输入参数作为提示信息，对于 input() 函数来说，这个参数必须是一个字符串。input() 函数返回字符串型数据，如果不是需要的类型就需要进行类型转换。

学习笔记

1.2.8　类型转换

Python 提供了一些内置函数可以帮助用户进行数据类型的转换。表 1-1 简要介绍了三个常用的函数。

表 1-1　数据类型转换函数

函　数	说　明
int()	将数据转换成一个 int 类型数值并返回
float()	将数据转换成一个 float 类型数值并返回
str()	将数据转换成一个 str 类型数值并返回

试一试：

◎在 Python 交互模式下运行以下代码，看看运行结果是什么？

```
print(int(3.14))
print(float(5))
print(str(101))
print(float('2.11'))
print(int('256'))
print(float('80'))
print(int('1.21'))
```

1.2.9　输出

Python 使用 print() 函数把字符串信息输出到屏幕上，回顾例 1-1 的代码，在第 8 行用 print() 函数进行输出，其实可以简化。

```
print('三角形的面积是：', area)
```

1.2.10　eval() 函数

eval() 函数用来执行一个字符串表达式，并返回表达式的值，其格式如下：

```
eval(表达式[, 全局命名空间[, 局部命名空间]])
```

其中，全局命名空间如果提供，则必须是一个字典对象。而局部命名空间，如果提供，可以是任何映射对象。eval() 函数的演示示例如图 1-14 所示。

```
>>>x = 7
>>> eval( '3 * x' )
21
```

图 1-14　eval() 函数的演示示例

1.2.11　算术运算

例 1-1 中还使用了算术运算，Python 支持的算术运算符见表 1-2。

学习笔记

表 1-2　Python 支持的算术运算符

运　算　符	运　　算	说　　明
+	加法	两数相加
-	减法	两数相减
*	乘法	两数相乘
/	除法	两数相除并返回一个浮点数结果
//	整数除法	两数相除并返回一个整数结果
%	求余	两数相除并返回余数
**	幂运算	返回一个数以另一个数为指数的幂值

你可以在交互模式下输入一个数学表达式，回车后就能看到计算结果。

1. 算术运算函数

Python 支持的常用算术运算函数见表 1-3。

表 1-3　Python 支持的常用算术运算函数

运算函数	说　　明
divmod()	函数把除数和余数运算结果结合起来，返回一个包含商和余数的元组 (*a* // *b*, *a* % *b*)
abs()	函数返回数字的绝对值
pow(x,y)	函数返回 x^y（*x* 的 *y* 次方）的值
round(x,n)	函数返回浮点数 x 四舍五入后保留 n 位小数的值
min(),max()	函数返回给定序列的最小 / 最大值

2. 逻辑运算

Python 支持的常用逻辑运算符见表 1-4。

表 1-4　Python 支持的常用逻辑运算符

逻辑运算符	描　　述
and	布尔“与”。如果 x 为 False，x and y 返回 False，否则它返回 y 的计算值
or	布尔“或”。如果 x 是非 0，它返回 x 的计算值，否则它返回 y 的计算值
not	布尔“非”。如果 x 为 True，返回 False。如果 x 为 False，它返回 True

3. 比较运算

Python 支持的常用比较运算符见表 1-5。

表 1-5　Python 支持的常用比较运算符

比较运算符	描　　述
==	等于，比较对象是否相等
!=	不等于，比较两个对象是否不相等
>	大于，x>y，返回 x 是否大于 y
<	小于，x>y，返回 x 是否小于 y
>=	大于等于，x>=y，返回 x 是否大于等于 y
<=	小于等于，x>=y，返回 x 是否小于等于 y

学习笔记

试一试：

◎在 Python 交互模式下运行以下代码，看看运行结果。

```
x = 5
y = 3
a = x + y
b = x - y
c = x * y
d = x / y
e = x // y
f = x % y
g = x ** y
pow(x,y)
x==y
x>=y
x<y
(x<y) and (x!=y)
(x==y) or (x>=y)
print(x, '+', y, '=', a)
print(x, '-', y, '=', b)
print(x, '*', y, '=', c)
print(x, '/', y, '=', d)
print(x, '//', y, '=', e)
print(x, '%', y, '=', f)
print(x, '**', y, '=', g)
```

1.3 实践训练：安装自己的开发环境

实践目标：

能够正确安装 Anaconda，使用 Jupyter Notebook 创建工作目录，在工作目录中创建 Notebook，上传已有的 Notebook 并打开查看。

实践要求：

①从 Anaconda 官网下载并安装 Anaconda。

②从 Anaconda-Navigator 启动 Jupyter Notebook。

③创建自己的工作目录并新建一个 Notebook。

④在自己的 Notebook 中完成例 1-1 编程题。

⑤下载本书的示例代码，将本书网络资源的 ch1.ipynb 上传到自己的工作目录并打开查看。

参考提示：

从国内镜像网站下载会提高下载速度。

学习笔记

习　题

一、选择题

1. Python 中的字符串文本必须用（　　）括起来。
   A. 圆括号　B. 单引号　C. 双引号　D. 单引号或双引号
2. Python 中，表示注释开始的符号是（　　）。
   A. &　B. *　C. $　D. #
3. Python 中执行整数除法的运算符是（　　）。
   A. //　B. %　C. **　D. /
4. 下列（　　）内置函数可用于将一个整数值转换为浮点数。
   A. inttofloat()　B. float()　C. convert()　D. int()
5. （　　）用来表示在程序执行过程中保持不变的数值名称。
   A. 有名文字　B. 有名常量　C. 变量签名　D. 关键字
6. （多选）这段多行的字符串，应该使用（　　）。
   Lorem ipsum dolor sit amet, consectetur adipiscing elit.
   Pellentesque vitae mi blandit, convallis eros ac, dapibus orci.
   Suspendisse imperdiet, sem et porta elementum, felis eros tristique ex.
   A. 单引号 '　B. 双引号 "　C. 三引号 '''　D. 三引号 """
7. 以下（　　）是 int 类型。
   A. int(12.0)　B. 010　C. 12.0　D. 32e3
8. pow(2,3)=（　　）。
   A. 5　B. 6　C. 8　D. 9
9. 符号“>”是（　　）运算符。
   A. 关系　B. 逻辑　C. 算术　D. 条件
10. and、or 和 not 都是（　　）运算符。
    A. 关系　B. 逻辑　C. 算术　D. 条件
11. Python 通过（　　）来体现语句之间的逻辑关系。
    A. {}　B. ()　C. 缩进　D. 自动识别
12. 以下不是 IPO 模式其中一环的是（　　）。
    A. input　B. program　C. process　D. output
13. （　　）表达式的值要么是真（True），要么是假（False）。
    A. 二元　B. 选择　C. 无条件　D. 布尔
14. 仅在两个子表达式都为真时，采用（　　）运算符所创建的复合布尔表达式才为真。
    A. and　B. or　C. not　D. 以上三个
15. 只要两个子表达式中一个为真，采用（　　）运算符所创建的复合布尔表达式

学习笔记

就为真。

A. and　　B. or　　C. not　　D. 以上三个

16. 运算符（　　）以一个布尔表达式为操作数，然后翻转该表达式的逻辑值。

A. and　　B. or　　C. not　　D. 以上三个

17. 下列（　　）内置函数可用于读取从键盘上的输入。

A. input()　　B. get()　　C. print()　　D. read()

18. 计算幂值的运算符是（　　）。

A. *　　B. %　　C. **　　D. //

19. 以下（　　）选项能使代码运行结果是 8。

```
x = 4
(        )
print(x)
```

A. x = x * 2.0　　B. x −= x　　C. x += x　　D. x = x ** 2

20. 以下（　　）的结果是 False。

A. bool('abc')　　B. bool(1.2)　　C. bool(0)　　D. bool(false)

21. 以下代码的运行结果是（　　）。

```
a = 2
b = 3
c = (a + b,)
print(type(c))
```

A. <class 'int'>　　B. int　　C. <class 'tuple'>　　D. tuple

22. 当 * 操作符左操作数是列表并且右操作数是整数时，该操作符变成（　　）。

A. 乘法操作符　　B. 连接操作符　　C. 重复操作符　　D. 初始化操作符

23. Python 语言目前最流行的版本是（　　）。

A. python1.x　　B. python2.x　　C. python3.x　　D. python4.x

24. print('a','b','c') 的输出结果是（　　）。

A. a b c　　B. a，b，c　　C. 'a','b','c'　　D. 'a' 'b' 'c'

25. print('a','b','c',sep=',') 的输出结果是（　　）。

A. a b c　　B. a,b,c　　C. 'a' 'b' 'c'　　D. 'a','b','c'

26. print(bool(5)) 的输出结果为（　　）。

A. 5　　B. 1　　C. True　　D. False

27.

```
t = True
print( t + 2)
```

以上代码的输出结果是（　　）。

A. 0　　B. 1　　C. 2　　D. 3

28. Python 中，以下（　　）用于输出内容到终端。

A. echo()　　B. output ()　　C. print()　　D. console.log()

学习笔记

29. 以下（　　）是用作 Python 的注释。
A. * B. (comment) C. // D. #

30. Python 中，以下（　　）的赋值是正确的。
A. var a = 2 B. int a = 2 C. a = 2 D. variable a = 2

31. 变量 a 的值为字符串类型的 "2"，（　　）可将它转换为整型。
A. castToInt(a) B. int(a) C. integer(a) D. castToInteger(a)

32. Python 中，以下（　　）赋值操作符是错误的。
A. += B. −= C. *= D. X=

33. 以下（　　）代码是将字符串转换为浮点数。
A. int(x [,base]) B. long(x [,base]) C. float(x) D. str(x)

34. 假设你有一个变量 "example"，如何判断它的类型，（　　）。
A. getType(example) B. Type(example)
C. type(example) D. example.type:

35.

```
def f(): pass
print(type(f()))
```

以上代码输出结果为（　　）。
A. <class 'function'> B. <class 'tuple'>
C. <class 'NoneType'> D. <class 'str'>
E. <class 'type'>

36. print('%.2f' % 123.444) 输出结果为（　　）。
A. 123.44 B. 12 C. 123.444 D. 44

37. *x* 的 *y* 次方，以下（　　）表达式正确。
A. x^y B. x**y C. x^^y D. Python 没有提到

38. 22 % 3 表达式的输出结果为（　　）。
A. 7 B. 1 C. 0 D. 5

39. 3*1**3 表达式的输出结果为（　　）。
A. 27 B. 9 C. 3 D. 1

40. 9//2 表达式的输出结果为（　　）。
A. 1 B. 2 C. 3 D. 4

41. 如果表达式的操作符有相同的优先级，则运算规则是（　　）。
A. 左到右 B. 右到左 C. 看心情 D. 怎么都可以

42. Python 3 中，执行 not 1 and 1 的结果为（　　）。
A. True B. False C. 0 D. 1

43. （多选）以下（　　）可以用于查看一个对象的属性和方法。
A. type() B. len() C. dir() D. help()

二、判断题

1. 变量名内部允许有空格。 （　　）

学习笔记

2. 变量名的首字符不能是数字。 (　　)

3. 程序的输入就是指用户从键盘的输入。 (　　)

4. 程序的输出就是指显示在显示器上。 (　　)

三、简答题

1. Python 语言有哪些特点?

2. 编译器和解释器有什么区别?

3. 借助互联网了解 Python 3 与 Python 2 的区别，列出至少三条。

4. 写出下面数学表达式的 Python 语言表达式。

（1）2^3____________

（2）5×8____________

（3）$|-10 \div 2|$____________

5. 写出下面表达式的结果。

（1）pow(4,2)____________

（2）abs(-100)____________

（3）(3<5) and (7>=5)____________

（4）(4==7) or (8+4!=10)____________

6.

```
pirnt('*')
print('**')
pirnt('***')
```

以上代码的输出结果是（　　）。

四、编程题

1. 以交互模式启动 Python 解释器，在 >>> 提示符下定义一个变量 x = 13.2，然后查看这个变量的数据类型。

2. 编写程序，定义有名常量 PI = 3.1415，输入半径，计算出圆的面积并输出。

3. 编写程序输出一个如下的表格:

```
+----+----+----+
|    |    |    |
+----+----+----+
|    |    |    |
+----+----+----+
|    |    |    |
+----+----+----+
```

4. 编写一个程序将华氏温度转换为摄氏温度，转换公式为：摄氏度 = (华氏度 − 32) ÷ 1.8，程序要求用户输入一个摄氏度，然后显示转换后得到的华氏度。

5. 编写一个程序，要求用户输入某个班级男生人数和女生人数，然后显示出该班级的性别比例。

项目2 利用函数机制完成三角形面积的求解

学习笔记

本项目学习函数的用法，包括函数的定义、使用等。本项目所涉及的技术要点包括：

（1）函数的定义和使用。

（2）函数的形参、实参、返回值。

（3）局部变量与全局变量。

（4）常用运算。

（5）将函数打包成模块。

（6）利用 import 导入模块。

（7）Python 的格式化输出。

上一项目我们使用了函数，Python 中输入输出用到的 print()、input() 函数，这类可以直接使用的函数是 Python 的内置函数（built-in function），后面我们将学习到更多内置函数。除了内置函数外，Python 还允许我们自定义函数，下面我们通过一个案例来了解如何定义与使用自定义函数。

素养要点：代码规范

在 Python 编程中不遵守 Python 语言的规定，程序运行时就会报错，这个规定叫作规则。但是有一种规定是一种人为的、约定成俗的，即使不按照这种规定也不会出错，这种规定就叫作规范。

代码规范化有很多好处，如规范的代码可以促进团队合作，一个项目大多都是由一个团队来完成，统一的风格使得代码可读性大大提高。规范的代码可以减少 bug、降低维护成本、有助于代码审查。养成代码规范的习惯，有助于程序员编程能力的提升。

2.1 项目实践与解析

2.1.1 利用函数开发求解三角形的面积

这个案例仍然是计算三角形面积，但是我们将使用自定义函数进行改写。

例 2-1 利用函数开发求解三角形的面积。

```
1    def triAngleArea(x, y):
2        print("计算三角形面积")
3        return x * y / 2
4    a = 0
5    h = 0
6    area = 0.0
7    a = int(input("请输入三角形的底：")）
8    h = int(input("请输入三角形的高：")）
9    area = triAngleArea(a, h)
10   print("三角形的面积是：", area)
```

程序解析：

①第 1 行：用 def 关键字（define 的缩写）定义了一个函数，名为 triAngleArea，这种形式就是函数的定义，triAngleArea() 函数的参数是 x 和 y，参数用括号括起来，以冒号结束，然后使用缩进的方法标志函数的范围，triAngleArea() 函数只有两条语句，这两条语句的缩进（句首空格数）相同，而从第 4 行开始就不是 triAngleArea() 函数的范围了。Python 利用排版的缩进格式表达语句的归属范围，第 2、3 行的缩进格式表明，这两句话隶属于第 1 行定义的函数。

需要注意：Python 语句在书写格式上要严格遵守缩进原则，Python 没有利用 { } 或 begin...end 来标志代码块的开始与结束，而是利用了缩进这种更接近人类书写的方式，但是程序员必须保证相同语句块的缩进保持一致，子块必须使用比父块更多的缩进，否则，就会引发 IndentationError: unexpected indent 错误。缩进这种强制规则增强了源文件的排版规范，更具有可读性。

②第 2 行：triAngleArea() 函数的功能，首先通过打印信息提示程序现在运行的位置。

③第 3 行：return 也是一个 Python 语法关键字，顾名思义，函数将在此返回（到调用位置），并带回一个值，即：x*y/2。也就是说 triangle_area() 函数传入参数 x、y；并返回按公式 x*y/2 计算所得到的值。

④第 4 行：取消了函数 triAngleArea() 的缩进，表示回到程序主框架的范畴，到 7、8 行，输入了 a 和 h。

⑤第 9 行：像数学中调用函数一样，程序将 a、h 当作参数调用了 triAngleArea() 函数，triAngleArea() 函数按次序用 x、y 接收了参数，然后程序加载 triAngleArea() 函数并运行，直至运行到 triAngleArea() 函数的 return 语句，再回到函数被调用的位置，可以看到第 9 行利用一个赋值将 triAngleArea() 函数返回的值给了 area 变量然后在第 10 行打印。

2.1.2 利用多文件机制小组开发求解复合图形的面积

在实际的应用中，我们更需要形如例 2-1 的函数能作为一个“工具包”被其他程序利用（即复用），所以把函数“打包”，并让它能被其他程序使用是常见且重要的方法，请看例 2-2。

学习笔记

例 2-2 利用多文件机制小组开发求解复合图形的面积。

```
1     # area02.py
2     from  cal_area import *
3     a = 0
4     h = 0
5     area = 0.0
6     a = int(input("请输入三角形的底："))
7     h = int(input("请输入三角形的高："))
8     area = triangle_area(a, h)
9     print("三角形的面积是：", area)
10     # cal_area.py
11     def triangle_area(x, y):
12         print("计算三角形面积")
13         return x * y / 2
```

例 2-2 示范了如何使用外部文件的资源，这样所有函数都可以被新程序复用了。本案例包括两个文件，一个叫 area02.py，程序将调用 triangle_area() 函数，但是这个函数在另一个文件 cal_area.py 中。在 Python 中，每个 .py 文件都可以被当作一个模块（module），在当前文件中导入另一个 .py 文件（模块），就可以使用被导入文件中定义的内容，包括类、变量和函数等。

于是在 area02.py 的第 2 行：

```
from  cal_area import *
```

这句话的含义是："从 cal_area 中导入所有函数"，这样在 area02.py 中可以使用 triangle_area() 函数了。注意，使用 from 引用文件模块的时候不要有文件名的扩展名".py"。

为什么要分成两个文件呢？这样就可以方便地进行工具包（函数库）的复用了，比如开发人员完成了求各种图形面积的函数，那么求图 2-1 中的图形阴影部分面积时，只要把包含简单图形求面积的函数文件导入进来，然后把各种函数组合，就完成了开发任务，这种开发就简单多了，所以尽量使用多文件机制定义函数，否则函数的功效将大打折扣。

图 2-1　复合图形面积

试一试：

◎假设图 2-1 中的圆形直径与正方形边长相同，请仿照例 2-2 的模式，编写一个计算图形面积的"工具包"，编程调用工具包中的函数，计算两个复合图形的面积。

学习笔记

2.2 知识点总结

视频

知识点总结

2.2.1 函数的定义和使用

Python 中的函数有两类：系统内置函数和自定义函数。

系统内置函数是指包含在 Python 语言中的函数，有两类：

① Python 内置函数：直接使用，比如之前用过的 print()、input() 等函数。

② Python 标准库中的函数：需使用 import 关键字导入使用，例如：

```
import random
num = random.randint(1, 100)
```

可以利用 def 关键字自定义函数。

例 2-1 中我们就使用 def 关键字自定义了 triAngleArea() 函数，我们来看看自定义函数的结构：

```
def <函数名>(<参数列表>):
    <函数体>
return <返回值>
```

- 函数名（name）：可以是任何有效的 Python 标识符。
- 参数列表（parameters）：调用函数时传递给它的值。参数个数大于等于 0，多个参数由逗号分隔。
- 函数体（body）：函数被调用时执行的代码，可以是一条或多条语句。
- return 语句：结束函数调用，并将结果返回给调用者，return 语句是可选的（可以没有返回值）。

2.2.2 函数的参数

1. 形参与实参

函数在调用前必须定义，比如在函数 A 中调用函数 B，被调用的函数叫“被调函数”，那么函数 A 就是主调函数。函数调用时传递到函数的数据叫“实参”（实际参数，argument），而函数定义时使用的参数叫形参（形式参数，parameter），形参是接收传递到函数的实参的变量。例如，例 2-1 中，triangle_area() 函数按参数排列顺序接收 a、h 的值到 x、y 中，x、y 属于 triangle_area() 函数定义时使用的参数，称为“形参”，而 a、h 称为实参。

形参和实参之间采用值传递的机制，形参的变化不会改变实参。例如：

```
def fun1(a):
    a = a + 1
    print('a =', a)
k = 10
print('调用函数前 k=', k)
```

```
fun1(k)
print('调用函数后 k=', k)
```

学习笔记

运行以上代码，你会发现调用函数 fun1() 前后 k 的值并没有发生变化。

2. 参数的顺序与缺省值

例 2-1 中 triAngleArea() 函数有两个参数，当函数有多个参数时，给函数传参数要按顺序，比如定义了这样一个函数：

```
def show_info(name, age, career):
    print("姓名：",name,"年龄：",age,"职业：",career)
```

在调用函数时传递的两个参数应该是姓名在前，年龄在后，如果位置错了就会出问题，例如：

```
>>>def show_info(name, age, career):
    print("姓名：",name,"年龄：",age,"职业：",career)
    Show_info(20,'Tom','Teacher')
姓名：20 年龄：Tom 职业：Teacher
```

如果不想严格按顺序传递参数就可以用关键字参数，只需指定参数名即可（指定了参数名的参数就叫作关键字参数），但关键字参数必须放在位置参数（以位置顺序确定对应关系的参数）之后。

```
def show_info(name, age, career):
    print("姓名：",name,"年龄：",age,"职业：",career)
show_info("Tom", career="Teacher", age=28)
```

在调用时用了形参变量名 = 值的关键字参数，即使参数顺序不是按照函数定义顺序也不会出错。但有以下几点要特别注意：

①如果位置参数和关键字参数混合使用，位置参数必须在前面，然后才是关键字参数。比如刚才的代码中，这样写 show_info(name = "Tom", "Teacher", age = 20) 是错误的。

②不能给一个形参重复传值，比如 show_info("Tom", 20, "Teacher", age = 20) 相当于给 age 赋值 2 次，会出错。

前面我们说过，函数参数的个数大于等于 0，也就是说函数可以没有参数，例如：

```
def say_hello():
    print('hello')
say_hello()
```

需要注意，当调用一个没有参数的函数时不要忘了函数名后面的括号。

形参还可以设置缺省值。例如：

```
def  fposition(name, age, gender = '男'):
    return  name, age, gender
i1, j1, k1 = fposition(age = 20, name = 'zhangsan')
i2, j2, k2 = fposition('lisi', 21)
print(f'1:姓名：{i1}，年龄：{j1}，性别：{k1}')
```

学习笔记

```
print(f'2: 姓名: {i2}, 年龄: {j2}, 性别: {k2}')
```

运行结果如下：

```
1: 姓名: zhangsan, 年龄: 20, 性别: 男
2: 姓名: lisi, 年龄: 21, 性别: 男
```

3. 全局变量与局部变量

简单地说，在函数内部定义的变量的使用范围仅限于函数内部，被称为局部变量，而不属于任何函数的变量就是全局变量，想要形象地理解全局变量和局部变量有一个简单的判断方法，那就是变量的作用范围由缩进格式标志的代码块确定，在一个代码块声明的变量仅限于本（级）代码块使用。

例题：下面两段代码，能够正确运行的是（　　）。

A. 第一段　　B. 第二段　　C. 都可以　　D. 都不可以

```
1. num = 100
def add():
    num += 2
    print(num)
add()
2.num = 100
def add():
    global num
    num = 99
    print(num)
def mult():
    print( num)
add()
mult()
```

4. 函数返回值

triAngleArea() 函数中 return 后面的叫“返回值”。函数在执行过程中只要遇到 return 语句，就会停止执行并返回结果，也可以理解为 return 语句代表着函数的结束。如果未在函数中指定返回值，那这个函数并非没有返回值，它的返回值为 None。

知识拓展：空值None

Python 有一个特殊类型 NoneType，它只有一个值：None（None 必须大写首字母 N），NoneType 的演示如图 2-2 所示。

```
>>> type(None)
<class 'NoneType'>
>>> type(none)
 Traceback (most recent call last):
   File "<pyshell>", line 1, in <module>
 NameError: name 'none' is not defined
```

图 2-2　None 值的类型

学习笔记

NoneType 类似于 C 语言中的 void，None 和 C 语言的 NULL 非常相似。

那么 None 值一般用在哪儿呢？如果你希望变量中存储的内容不会与一个真正的值混淆，None 值就可能有用。比如编写一个程序，要初始化一个用户信息，需要填上姓名、年龄、身高、体重等，这些信息是让用户填的，在填之前，你要先把变量定义好，那就得存个值，这个值用 0、1 来占位不合适，用 True、False 也不合适，用 None 最合适，比如：

```
name = None
age = None
height = None
weight = None
if name is None:
    name = input('你还没有起名，请输入你的名字：')
```

2.2.3　函数递归

1. 定义

递归是一种在函数中通过调用自身来实现的算法。递归函数包含了一个基本案例和一个或多个递归的案例。递归算法通常用于解决需要重复处理相同问题的情况。在这种情况下，递归允许每次处理相同的问题，但以不同的方式操作数据。使用递归，我们可以将一个复杂的问题分解为若干个简单的问题，然后依次解决。这使得递归在编写代码方面非常有用，它可以减少代码的长度，使其更加简洁和易于理解。

2. 递归函数的组成部分

每个递归函数都由以下部分组成：

①基本情况：这是递归函数的终止条件。如果没有基本情况，递归函数将会一直运行下去，直到出现运行时错误。

②递归情况：这是一个递归调用函数的语句。

下面是一个递归函数的示例，在这个函数中，我们定义了一个 countdown() 函数。如果传入的参数 num 为 0，将打印输出 Liftoff，否则将打印输出 num 的值，并使用递归调用 countdown() 函数来处理 num–1 的值。当调用该函数时，它将逐渐减少 num 的值，直到 num 等于 0。这时，函数将不再递归调用自身，而是执行 if 语句并输出 Liftoff。

```
def countdown(num):
    if num == 0:
        print("Liftoff!")
    else:
        print(num)
        countdown(num - 1)
```

学习笔记

2.3 实践训练：求复杂图形的面积

实践目标：

能够使用函数将复杂任务分解成简单任务，完成一个复杂图形面积的计算。

实践要求：

已知图 2-3 中图形各点的坐标分别为：$A(1,1)$，$B(2,5)$，$C(3.5,3)$，$D(4,1)$，$E(6,3)$。请编写程序计算出 ABCDE 的面积。

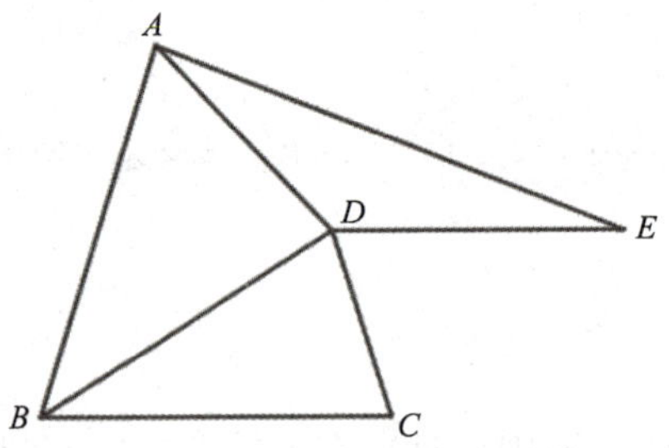

图 2-3　计算复杂图形面积

参考提示：

①已知两点坐标分别为（x_1,y_1）和（x_2,y_2），两点之间的距离为 $\sqrt{(x_2-x_1)^2+(y_2-y_1)^2}$。

②已知三角形三边长分别为 a、b 和 c，$p=\dfrac{a+b+c}{2}$，三角形的面积为 $s=\sqrt{p(p-a)(p-b)(p-c)}$。

习　题

一、选择题

1. 程序中使用函数的部分称为（　　）。

   A. 用户　B. 调用者　C. 被调用者　D. 语句

2. Python 函数定义的开头是（　　）。

   A. def　B. define　C. fun　D. function

3. 函数可以使用（　　）语句将值返回给调用者。

   A. print　B. return　C. assignment　D. back

4. （　　）是在函数内部创建的变量。

   A. 全局变量　B. 局部变量

   C. 隐藏变量　D. 以上都不是，函数内部不能创建变量

学习笔记

5. （　　）是发送到函数的数据。

A. 实参　　B. 形参　　C. 作用域　　D. 模式

6. （　　）是在函数调用时用来接收数据的特殊变量。

A. 实参　　B. 形参　　C. 头部　　D. 报文

7. 以下关于 Python 函数的说法中正确的是（　　）。

A. 可以使用保留字作为函数的名字

B. 调用带有默认值参数的函数时，不能为默认值参数传递任何值，必须使用默认值

C. 函数内部定义的变量不能被调用者访问

D. 每个函数必须有至少一个 return 语句

8. 以下关于 Python 函数的说法中错误的是（　　）。

A. 函数定义不一定放在函数调用之前

B. 当代码中有 main 函数时，程序将从 main 开始执行

C. 函数可以没有返回值

D. 函数内部定义的变量在函数外部无法访问

9. 关于递归函数描述正确的是（　　）。

A. 递归函数可以调用程序的使用函数

B. 递归函数用于调用函数的本身

C. 递归函数除了函数本身，可以调用程序的其他所有函数

D. Python 中没有递归函数

10. 以下（　　）不是 print() 函数的参数。

A. sep　　B. end　　C. flush　　D. name

11. 在程序中执行特定任务的一组语句是（　　）。

A. 语句块　　B. 参数　　C. 函数　　D. 表达式

12. （　　）是变量可被访问的程序部分。

A. 声明空间　　B. 可见区域　　C. 作用域　　D. 模式

13. 对程序中所有函数都可见的变量是（　　）。

A. 局部变量　　B. 通用变量　　C. 内部变量　　D. 全局变量

14. 定义 a = 5，以下（　　）内置函数可以用来查看 a 的内存地址。

A. help()　　B. dir()　　C. bool()　　D. id()

15. 如果采用 import calendar_tools 的方式导入模块用 calendar_tools 中的函数，以下（　　）调用 days_in_month 函数的方式是正确的。

A. print_days = days_in_month(year, month)

B. print_days = calendar_tools.days_in_month(year, month)

C. print_days = days_in_month(month,year)

D. print_days = days_in_month(month,year)

16. 以下代码中定义函数的语句正确的是（　　）。

A. def someFunction():　　B. function someFunction()

C. def someFunction()　　D. function someFunction():

学习笔记

17. 代码 def a(b, c, d): pass 的含义是（　　）。
A. 定义一个列表，并初始化它　　B. 定义一个函数，但什么都不做
C. 定义一个函数，并传递参数　　D. 定义一个空的类

18. 以下内容关于函数描述正确的是（　　）。
A. 函数用于创建对象
B. 函数可以让程序执行得更快
C. 函数是一段代码用于执行特定的任务
D. 以上说法都是正确的

19.

```
x = True
def printLine(text):
    print(text, 'Runoob')
printLine('Python')
```

以上代码输出结果为（　　）。
A. Python　　B. Python Runoob　　C. text Runoob　　D. Runoob

20. 如果函数没有使用 return 语句，则函数返回的是（　　）。
A. 0　　B. None 对象
C. 任意的整数　　D. 错误！函数必须要有返回值

21.

```
def greetPerson(*name):
    print('Hello', name)
greetPerson('Runoob', 'Google')
```

以上代码输出结果为（　　）。
A. Hello Runoob
Hello Google
B. Hello ('Runoob', 'Google')
C. Hello Runoob
D. 错误！函数只能接收一个参数

22. 关于递归函数描述正确的是（　　）。
A. 递归函数可以调用程序的使用函数
B. 递归函数用于调用函数的本身
C. 递归函数除了函数本身，可以调用程序的其他所有函数
D. Python 中没有递归函数

23.

```
result = lambda x: x * x
print(result(5))
```

以上代码输出结果为（　　）。
A. lambda x: x*x　　B. 10

C. 25　　D. 5*5

24. 以下代码输出结果为（　　）。

```
def Foo(x):
    if (x==1):
        return 1
    else:
        return x+Foo(x-1)
print(Foo(4))
```

A. 10　　B. 24　　C. 7　　D. 1

25. 如果我们需要从 math 模块中输出 pi 常量，以下代码正确的是（　　）。

A. print(math.pi)　　B. print(pi)

C. from math import pi
print(pi)

D. from math import pi
print(math.pi)

26. （多选）要使这段代码的运行结果为 666，那么以下语句顺序（每行代码最前面一个数字为行号，不是代码的一部分）正确的有（　　）。

```
b = 666
b = 123
print(b)
```

A. 1、2、3　　B. 1、3、2　　C. 2、1、3　　D. 3、2、1

27. （多选）为了确保程序能正确执行，以下语句排列顺序（每行代码最前面一个数字为行号，不是代码的一部分）正确的有（　　）。

```
print(str1)
str1 = "12121"
str2 = str1 + "ababa"
```

A. 2、1、3　　B. 1、2、3　　C. 1、3、2　　D. 2、3、1

二、判断题

1. 调用函数与定义函数是同一件事情。（　　）
2. 一个函数内的语句可以访问另一个函数内的局部变量。（　　）
3. Python 中不能定义接收多个参数的函数。（　　）
4. Python 中的函数可以返回多个值。（　　）
5. 一个程序的不同函数中可以有名称相同的局部变量。（　　）

三、编程题

1. 编写以下函数并通过一个程序来测试它们。

max_3(x, y, z)：返回参数的最大值。

average(x, y, z)：返回参数的平均值。

2. 编写一个函数 repeat(str, n)，返回重复 str 重复 n 次的字符串。例如，repeat('hi', 3) 返回 "hihihi"。

学习笔记

3. Python 标准库的 math 模块包含了很多数学函数及两个变量 pi 和 e（数学常量 π 和 e），请你编写一个程序，用 math 模块的 pi 和 sqrt（求平方根函数），从一个圆形的面积求出它的半径。（记得导入 math 模块）

4. 反转一个三位整数，如输入 num = 123，输出 321；输入 800，输出 8。

项目 3 通过开发桥牌游戏学习流程控制和随机数

学习笔记

在程序中有三种基本的流程：顺序，分支与循环。函数和数据结构的使用使程序获得较优结构、较好的可读性、较高的运行效率，编程者需要的能力。这种能力的提高并非通过“看”书能够完成，而需要代码量的积累。本项目将通过完成桥牌发牌和叫牌计点功能学习程序流程控制，这是一个较为综合的项目，对初学者来说有一定的复杂度。本项目由简到繁迭代三遍，最后一遍由读者自行完成。相信读者打通此关就对自己的编程能力有信心了。本项目涉及的技术要点包括：

（1）利用 if 语句确定程序流程。

（2）利用 while 进行循环。

（3）声明和使用列表。

（4）利用 for 遍历集合。

（5）使用随机数。

（6）综合使用数据结构和函数提高程序的可读性和运行性能。

素养要点：工匠精神

劳动者的素质对一个国家、一个民族的发展至关重要。不论是传统制造业还是新兴产业，工业经济还是数字经济，工匠始终是产业发展的重要力量，工匠精神始终是创新创业的重要精神源泉。

时代发展，需要大国工匠；迈向新征程，需要大力弘扬工匠精神。具体到程序开发中，工匠精神是对程序的精雕细琢，对程序负责。其实，写好程序并没有太高深的学问，很多时候，一个问题没法解决，或程序出现 bug，往往是细节没有做好。在编程世界里，永远没有最好，只有更好。程序员应当在有限的范围内，尽力朝着一个能力与时间范围所能企及的点前进，这就是程序开发的精益求精。

学习笔记

3.1 项目实践与解析

3.1.1 开发桥牌洗牌发牌功能

桥牌游戏是国际通行运动，在我国也非常流行，通过发牌，4 名选手各自获得 13 张牌，对面选手为一组，两组竞争以获得较高分数，打牌的过程与中国的“升级”玩法有一定相似性。桥牌的游戏程序编制较为复杂，我们简化一下，完成洗牌和发牌的过程。由于桥牌需要通过“叫牌”约定目标，但是叫牌前需要了解选手的 13 张牌中 4 个花色各有几张牌，大牌（AKQJ）点数是多少，这样就可以了解一副牌的强弱，然后可以按照花色和牌点的强弱确定“将牌”（俗称主牌）的花色和定约。我们的程序还将完成花色统计和计点功能。

代码：

```
1    import random
2
3    poker_ori=range(0,52)
4    for i in poker_ori:
5        print("%4d"%i,end='  ')
6        if (i+1)%13==0:
7            print("\n")
```

运行结果：

```
/Users/soohay/PycharmProjects/bridge_poker/.venv/bin/python /Users/soohay/PycharmProjects/bridge_poker/00_poker.
   0   1   2   3   4   5   6   7   8   9  10  11  12

  13  14  15  16  17  18  19  20  21  22  23  24  25

  26  27  28  29  30  31  32  33  34  35  36  37  38

  39  40  41  42  43  44  45  46  47  48  49  50  51


进程已结束，退出代码为 0
```

程序解析：

这段程序的核心是通过循环和条件判断，将 52 张牌按顺序打印成 4 行，每行 13 张。

第 3 行：创建了一个名为 poker_ori 的变量，它的值是通过 range(0, 52) 生成的从 0 到 51 的数字序列，代表一副标准的 52 张扑克牌，每个数字对应一张牌。

第 4 ～ 7 行：这个 for 循环会遍历 poker_ori 中的每一个数字（即每一张牌）。每次循环时通过第 5 行代码 print("%4d" % i, end=' ') 打印当前牌的数字，"%4d" % i 表示将数字 i 格式转化为占 4 个字符宽度的整数，这样打印出来的数字会对齐，end=' ' 表示打印完数字后不换行，而是用两个空格分隔下一个数字。还需要通过一个条件判断语句检查当前牌是否是每行的最后一张牌，(i + 1) % 13 == 0 表示当前牌的数字加 1 后能被 13 整除，说明已经打印了 13 张牌，需要换行。

学习笔记

接下来需要把数字 0 到 51 映射为扑克牌的花色和点数，并按顺序打印出来。可以通过整除运算（//）和求余运算（%）将数字 0 到 51 转换为对应的花色（♠、♥、♦、♣）和点数（A, 2, 3, ..., K），最终将 52 张牌分成 4 行显示，每行 13 张。

代码：

```
1    import random
2
3    poker_ori=range(0,52)
4    pokerVariety=["♠","♥","♦","♣"]
5    pokerPoint=["K","A",2,3,4,5,6,7,8,9,10,'J','Q']
6    for i in poker_ori:
7        print(pokerVariety[i//13],pokerPoint[i%13],end='    ',sep="")
8        if (i+1)%13==0:
9            print("\n")
```

运行结果：

```
♠K    ♠A    ♠2    ♠3    ♠4    ♠5    ♠6    ♠7    ♠8    ♠9    ♠10    ♠J    ♠Q

♥K    ♥A    ♥2    ♥3    ♥4    ♥5    ♥6    ♥7    ♥8    ♥9    ♥10    ♥J    ♥Q

♦K    ♦A    ♦2    ♦3    ♦4    ♦5    ♦6    ♦7    ♦8    ♦9    ♦10    ♦J    ♦Q

♣K    ♣A    ♣2    ♣3    ♣4    ♣5    ♣6    ♣7    ♣8    ♣9    ♣10    ♣J    ♣Q
```

程序解析：

第 4 行：定义了一个列表 pokerVariety，其中包含 4 个字符串，分别代表扑克牌的四种花色：黑桃（♠）、红桃（♥）、方块（♦）和梅花（♣）。

第 5 行：定义了一个列表 pokerPoint，其中包含 13 个元素，分别代表扑克牌的 13 个点数：K（国王）、A（Ace）、2 到 10，以及 J（杰克）、Q（皇后）。

第 6 ～ 9 行：for 循环遍历 poker_ori 中的每一个数字（即每一张牌）。

第 7 行：打印当前牌的花色和点数。

- i // 13：通过整除运算将数字 i 映射到 0 到 3 的范围，对应 pokerVariety 列表中的 4 种花色。
- i % 13：通过求余运算将数字 i 映射到 0 到 12 的范围，对应 pokerPoint 列表中的 13 个点数。
- end='   '：打印完花色和点数后不换行，而是用 4 个空格分隔下一张牌。
- sep=""：确保花色和点数之间没有额外的分隔符。

接下来要实现“洗牌”的功能，也就是按照随机的顺序输出扑克牌：

```
import random

poker_ori=list(range(0,52))
pokerVariety=["♠","♥","♦","♣"]
pokerPoint=["K","A",2,3,4,5,6,7,8,9,10,'J','Q']

```

学习笔记

```
7     random.shuffle(poker_ori)
8     for inx, value in enumerate(poker_ori):
9         poker = "%s%s" % (pokerVariety[value // 13], pokerPoint[value % 13])
10        print(poker,end= "  ")
11        if (inx+1)%13==0:
12            print("\n")
```

运行结果（形式相同，排列不同）：

```
♦6  ♦7  ♠K  ♥K  ♥7  ♠Q  ♥6  ♦Q  ♠9  ♥5  ♦4  ♣4  ♣K

♦A  ♥Q  ♠5  ♦5  ♠J  ♦10  ♥4  ♣6  ♥8  ♥10  ♦9  ♣5  ♥J

♥3  ♥2  ♠8  ♠A  ♥9  ♥A  ♣8  ♦J  ♣2  ♣3  ♣Q  ♠2  ♦2

♣9  ♣J  ♦8  ♦3  ♣A  ♠10  ♠7  ♠6  ♠4  ♣7  ♦K  ♠3  ♣10
```

程序解析：

第 7 行：使用 random.shuffle 函数对 poker_ori 列表进行随机洗牌。洗牌后，poker_ori 中的数字顺序被打乱，模拟现实中的洗牌过程。

第 8 ～ 12 行：这个 for 循环使用 enumerate 函数遍历 poker_ori 列表。enumerate 会返回两个值，分别是 inx 是当前牌的索引（从 0 开始），value 是当前牌的数字（0 到 51）。

第 9 行：将当前牌的数字 value 转换为对应的花色和点数。

- value // 13：通过整除运算将数字 value 映射到 0 到 3 的范围，对应 pokerVariety 列表中的 4 种花色。
- value % 13：通过求余运算将数字 value 映射到 0 到 12 的范围，对应 pokerPoint 列表中的 13 个点数。
- "%s%s" % (...)：将花色和点数格式化为一个字符串，例如“♠ A”或“♥ K”。

第 10 行：打印当前牌的花色和点数。end=" " 表示打印完一张牌后不换行，而是用两个空格分隔下一张牌。

3.1.2　开发叫牌计点功能

上一节生成了扑克牌并模拟了桥牌的洗牌和发牌过程，本节我们模拟发牌后计算每位选手手中牌的花色数量和大牌点数。

代码：

```
import random
def accumulate(it):
    ct=[0,0,0,0,0]
    for s in it:
        if s[0]=="♠":
            ct[0]+=1
        elif s[0]=="♥":
            ct[1]+=1
```

学习笔记

```
9              elif s[0]=="♦":
10                 ct[2]+=1
11             elif s[0]=="♣":
12                 ct[3]+=1
13             if s[-1]=='A':
14                 ct[4]+=4
15             elif s[-1]=='K':
16                 ct[4] += 3
17             elif s[-1]=='Q':
18                 ct[4] += 2
19             elif s[-1]=='J':
20                 ct[4] += 1
21         return ct
22
23     poker_ori=list(range(0,52))
24     pokerVariety=["♠","♥","♦","♣"]
25     pokerPoint=["K","A",2,3,4,5,6,7,8,9,10,'J','Q']
26     pokerHand=[[],[],[],[]]
27
28     random.shuffle(poker_ori)
29     for inx, value in enumerate(poker_ori):
30         cui=inx
31         cuhand=cui//13
32         poker="%s%s"%(pokerVariety[value//13],pokerPoint[value%13])
33         pokerHand[cuhand].append(poker)
34
35     for it in pokerHand:
36         print("选手的牌：",it)
37         print("花色统计和计点：",accumulate(it))
```

运行结果：

```
/Users/soohay/PycharmProjects/bridge_poker/.venv/bin/python /Users/soohay/PycharmProjects/bridge_poker/fin_poker
选手的牌： ['♠3', '♣3', '♠6', '♦8', '♣K', '♥Q', '♥K', '♥6', '♦Q', '♣2', '♥8', '♠5', '♥5']
花色统计和计点： [3, 5, 2, 3, 10]
选手的牌： ['♦9', '♥4', '♦10', '♣8', '♥J', '♦7', '♦2', '♣5', '♠9', '♠2', '♦6', '♣4', '♠7']
花色统计和计点： [3, 2, 5, 3, 1]
选手的牌： ['♦J', '♥3', '♥2', '♥7', '♦K', '♣6', '♣A', '♣7', '♣9', '♣J', '♦A', '♠K', '♦3']
花色统计和计点： [1, 3, 4, 5, 16]
选手的牌： ['♠10', '♠Q', '♣Q', '♠4', '♠J', '♦5', '♥10', '♥9', '♦4', '♥A', '♠A', '♣10', '♠8']
花色统计和计点： [6, 3, 2, 2, 13]

进程已结束，退出代码为 0
```

程序解析：

第 2～21 行：定义了一个名为 accumulate 的函数，用于统计选手手中牌的花色数量和大牌点数。函数参数 it 是一个列表，表示选手手中的牌，返回值 ct 包含每种花色的数量和大牌点数。

第 3 行：初始化了一个长度为 5 的列表 ct，用于存储统计结果。前 4 个元素分别表示 4 种花色的数量（♠、♥、♦、♣），第 5 个元素表示大牌点数。

第 4～21 行：for 循环用于遍历选手手中的每一张牌。每次循环时，变量 s 会依次

学习笔记

取值为一张牌（如“♠A”或“♥K”）。

第 5 ～ 12 行：if 语句检查当前牌的花色，将♠、♥、♦、♣四个花色的数据分别累加在 ct[0]、ct[1]、ct[2] 和 ct[3] 中。

第 13 ～ 20 行：if 语句检查当前牌的点数，将 A、K、Q、J 对应的点数 4、3、2、1 累加在 ct[4] 中。

第 26 行：创建了一个名为 pokerHand 的列表，其中包含 4 个空列表，分别用于存储 4 位选手的牌。

第 29 ～ 33 行：for 循环使用 enumerate 函数遍历 poker_ori 列表。enumerate 会返回两个值，分别是 inx 是当前牌的索引（从 0 开始），value 是当前牌的数字（0 到 51）。

第 31 行：通过整除运算将索引 cui 映射到 0 到 3 的范围，表示当前牌应该发给哪位选手（0 到 3 分别对应 4 位选手）。

第 32 行：将当前牌的数字 value 转换为对应的花色和点数：

- value // 13：通过整除运算将数字 value 映射到 0 到 3 的范围，对应 pokerVariety 列表中的 4 种花色。
- value % 13：通过求余运算将数字 value 映射到 0 到 12 的范围，对应 pokerPoint 列表中的 13 个点数。
- "%s%s" % (...)：将花色和点数格式化为一个字符串，例如，“♠A”或“♥K”。

第 33 行：将当前牌添加到对应选手的牌堆中。cuhand 表示选手的编号（0 到 3），pokerHand[cuhand] 表示该选手的牌堆。

第 35 ～ 37 行：for 循环用于遍历 4 位选手的牌堆。每次循环时，变量 it 会依次取值为一位选手的牌堆。

第 36 行：打印当前选手的牌堆。

第 37 行：调用 accumulate 函数，统计当前选手的牌堆中每种花色的数量和大牌点数，并打印结果。

至此我们完成了桥牌规则的花色统计和牌点计算，在这里展示的需要注意的技术包括：

①字符串的格式化输出。
②利用列表元素的位置简化算法。
③字符串元素的索引。
④通过 random.shuffle 函数对列表乱序。
⑤函数的定义和调用使用。

3.2 知识点总结

视频

知识点总结

3.2.1 分支

Python 的分支功能主要由 if 语句完成，最简单的 if 语句可以完成“如果…那么…”

学习笔记

的功能，请看例 3-1。

例 3-1 输入一个成绩，如果该成绩大于 90，则输出“优秀”。

```
#coding: UTF-8
# 输入一个成绩，如果该成绩大于 90，则输出 " 优秀 "
#Python 最简单的 if 语句可以完成 " 如果…那么…" 的功能

score = float(input(" 请输入一个成绩 : "))
if (score>90):
    print(" 优秀！ ")
```

但是还有一种分支的情况，表现为“如果满足条件则执行 A 段落，否则执行 B 段落”。

例 3-2 输入一个整数，判断它是奇数还是偶数。

```
#coding: UTF-8
# 输入一个整数，判断它是奇数还是偶数
#Python 的分支功能，完成 " 如果…否则…" 的功能

number = int(input(" 请输入一个整数 : "))
if (number%2)==1:
    print(" 整数 %d 是奇数 " % number)
else:
    print(" 整数 %d 是偶数 " % number)
```

例 3-3 输入一个成绩，按下面表格输出成绩等级。

成绩情况	成绩等级
≥ 90	优
≥ 80 且 <90	良
≥ 60 且 <80	合格
<60	不合格

```
# coding:utf-8
# 输入一个成绩，按照下面表格输出成绩等级

score = float(input(" 请输入一个成绩 :"))
if score>=90:
    print(" 优 ")
elif score>=80:
    print(" 良 ")
elif score>=60:
    print(" 合格 ")
elif score<60:
    print(" 不合格 ")
```

例 3-4 输入一个年份，按照能被 4 整除但不能被 100 整除，或者能被 400 整除的年份是闰年这个条件判断并输出该年份是否是闰年。

在 python 中类似：

学习笔记

```
if a>b:
   max=a
else:
max=b
```

这样的代码，含义是利用分支判断给一个变量赋两个不同值，这可以用条件表达式比较简洁地表达。

```
# coding:utf-8
# 输入一个年份，按照能被 4 整除但不能被 100 整除，或者能被 400 整除的年份是闰年这个条件判断并输出该年份是否是闰年

year = int(input("请输入一个年份:"))
result = (year%4==0 and year%100!=0) or (year%400==0);
if result:
    print("%d 年是闰年" % year)
else:
    print("%d 年不是闰年" % year)
```

例 3-5 输入两个数字，利用条件表达式求较大的数。

```
# coding:utf-8
# 输入两个数字，利用条件表达式求较大的数

a = float(input("请输入第一个数:"))
b = float(input("请输入第二个数:"))
max=0
if a>b:
    max=a
else:
    max=b
print("最大的数是:%5.2f" % max)
```

从以上例题看出 if 语句有三种形式：

1. 标准的 if

```
if 表达式 A:
   表达式为真则执行语句块 Z
```

在 if 语句中，表达式 A 用来确定程序的流程，若表达式 A 为真，即表达式 A 计算结果为“非 0”或是布尔量“True”，则执行语句块 Z；要注意表达式 A 后面的冒号“:”和语句块 Z 的缩进格式。

2. if...else 结构

```
if 表达式 A:
   表达式为真则执行语句块 Z
else:
   表达式为假则执行语句块 Y
```

学习笔记

在 if...else 结构中，若表达式 A 为真，执行语句块 Z；否则执行语句块 Y。

3. if...elif...else 结构

```
if 表达式 A:
    表达式 A 为真则执行语句块 Z
elif 表达式 B:
    表达式 B 为真则执行语句块 Y
... 其他 elif...
else:
```

另外 if 语句中的表达式可以是一个复合的表达式，运算次序是先算术运算、关系运算，后逻辑运算。

3.2.2　列表

编程过程中除了处理单个数据外，还经常要处理集合数据，最简单的集合就是平时所说的“一串数据”“一串数字”，这种“一串”的概念所表达的是“排成线性队列的数据”，在 Python 中可以用“列表”来表示。

例 3-6 列表的定义，分别定义空列表、有 3 个自然数的列表、有 4 个地名的列表。

```
# coding:utf-8
# 分别定义空列表、有 3 个自然数的列表、有 4 个地名的列表

emptyList=[]
numberList=[5, 10, 15]
cityList=[" 北京 ", " 上海 ", " 深圳 "]

print(emptyList)
print("\r\n")
print(numberList)
print("\r\n")
print(cityList)
```

例 3-7 定义一个数据结构，包含城市名称、面积和人口数，用这个结构描述北京、天津和上海。

```
# coding:utf-8
# 定义 1 个数据结构，包含城市名称、面积和人数，用这个结构描述北京、天津和上海

cityList=[ [' 北京 ','16410.54 平方千米 ','2153 万人 '],
           [' 上海 ','6340.5 平方千米 ','2428 万人 '],
           [' 天津 ','11966.45 平方千米 ','1561 万人 ']]

print(cityList)
```

例 3-8 输入 1 个自然数，将其插入列表 [0,0,0,0,0,0] 的头、尾和中间位置。

```
# coding:utf-8
# 输入 1 个自然数，将其插入列表 [0,0,0,0,0,0,] 的头、尾和中间位置
```

学习笔记

```

a = float(input("请输入 1 个自然数 :"))
numberList=[0,0,0,0,0,0,]

numberList.insert(0,a)
print(numberList)

listSize = len(numberList)
numberList.insert(listSize,a)
print(numberList)

listSize = len(numberList)
numberList.insert(listSize/2,a)
print(numberList)
```

“切片”是 Python 的术语，意为获得集合的子集，例 3.9 演示了 Python 列表的常用切片方法。

例 3-9 演示列表的常用切片方法。

```
# coding:utf-8
# 例子演示了 Python 列表的常用切片方法


a = [0, 1, 2, 3, 4, 5, 6, 7, 8, 9]

print(a)

# 当索引只有一个数时，表示切取某一个元素。
print(a[0])
print(a[-4])

#step=1，从左往右取值，start_index=1 到 end_index=6 同样表示从左往右取值
print(a[1:6])

#step=-1，决定了从右往左取值，而 start_index=1 到 end_index=6 决定了从左往右取值，两者矛盾，所以为空
print(a[1:6:-1])

#step=1，决定了从左往右取值，而 start_index=6 到 end_index=2 决定了从右往左取值，两者矛盾，所以为空
print(a[6:2])

#step=1，表示从左往右取值，而 start_index 省略时，表示从端点开始，因此这里的端点是 " 起点 "，即从 " 起点 " 值 0 开始一直取到 end_index=6（该点不包括）
print(a[:6])

#step=-1，从右往左取值，而 start_index 省略时，表示从端点开始，因此这里的端点是 " 终点 "，即从 " 终点 " 值 9 开始一直取到 end_index=6（该点不包括）
```

学习笔记

```
print(a[:6:-1])

#理论上可无限次多层切片操作，只要上一次返回的是非空可切片对象即可
print(a[:8][2:5][-1:])

#切片操作的三个参数可以用表达式
print(a[2+1:3*2:7%3])
```

例 3-10　输入 1 个小于 10 的自然数 *n*，删除列表 [11,12,13,14,15,16,17,18,19,20] 中第 *n* 个元素。

```
# coding:utf-8
# 输入 1 个小于 10 的自然数 n，删除列表中第 n 个元素

numberList=[11,12,13,14,15,16,17,18,19,20]
print("[ 删除前列表 ]:")
print(numberList)

a = int(input(" 输入 1 个小于 10 的自然数 :"))

#numberList.remove(numberList[a-1]);
numberList.pop(a-1)

print("[ 删除后列表 ]:")
print(numberList)
```

例 3-11　利用 Python 工具函数求列表 [121,112,143,194,215,116,171,118,19,120] 最大元素和最小元素下标，然后给该列表排序。

```
# coding:utf-8
# 利用 Python 工具函数求列表最大元素和最小元素下标，然后给该列表排序

numberList=[121,112,143,194,215,116,171,118,19,120]
print("[ 列表元素 ]:")
print(numberList)

maxValue=max(numberList)
idx=numberList.index(maxValue)
print(" 最大值下标 %d" % idx)

minValue=min(numberList)
idx=numberList.index(minValue)
print(" 最小值下标 %d" % idx)

numberList.sort(reverse=True)
print(" 列表降序 ")
print(numberList)

numberList.sort(reverse=False)
```

学习笔记

```
print(" 列表升序 ")
print(numberList)
```

例 3-12 输入一个数字，求列表 [121,112,143,194,215,116,171,118,19,120] 是否存在该数字，若存在则输出其下标，不存在则显示 −1。

```
# coding:utf-8
# 输入一个数字，求列表是否存在该数字，若存在则输出其下标，不存在则显示 -1

numberList=[121,112,143,194,215,116,171,118,19,120]
print("[ 列表元素 ]:")
print(numberList)

a = int(input(" 请输入 1 个数字 :"))

if a in numberList:
    print(numberList.index(a))
else:
    print(-1)
```

例 3-13 统计列表 a=[1,3,5,7,9,11]，b=[2,4,5,6,7,8,9] 中有多少个相同的元素。

```
# coding:utf-8
# 统计列表中有多少个相同的元素

a=[1,3,5,7,9,11]
b=[2,4,5,6,7,8,9]

print("[ 列表 a]:")
print(a)

print("[ 列表 b]:")
print(b)

for x in a:
    print(" 数字 %d 有 %d 个在列表 b 中 ." % (x,b.count(x)))
```

例 3-14 利用 Python 运算符重复扩展和组合列表。

```
# coding:utf-8
# 利用 Python 运算符重复扩展和组合列表

a=[1,3,5,7,9,11]
b=[2,4,5,6,7,8,9]

print("[ 列表 a]:")
print(a)

print("[ 列表 b]:")
print(b)
```

```
print("[重复扩展 a]:")
print(a*4)

print("[组合 a 和 b]:")
print(a+b)
```

学习笔记

Python 语言有“人生苦短，我用 Python”的“口头禅”，说的是 Python 有许多“梦幻”功能，非常直观简单，Python 的一行代码，别的语言有可能需要很多行来完成，比如例 3-15 演示了如何将两个列表归并成一个。

例 3-15 列表 name=['zhangsan','lisi','wangwu']，age=[23,19,18]，请用 Python 生成新列表 person=[["zhangsan",23],["lisi",19],["wangwu",18]] 用来描述人员信息。

```
# coding:utf-8
# 利用 Python 工具生成新列表

a=['zhangsan','lisi','wangwu']
b=[23,19,18]

print("[列表 a]:")
print(a)

print("[列表 b]:")
print(b)

points_tulpe = list(zip(a, b))
print("[组合后列表 ]:")
print(points_tulpe)
```

3.2.3　循环语句

Python 中最简单的循环是 while 语句，while 循环用来表达最简单的重复。

例 3-16 打印 20 个“你好”。

```
# coding:utf-8
# 打印 20 个你好

for num in range(0,20):
    print('第 %d 个 你好' % (num+1))
```

当然，我们还可以利用循环中的循环变量一定功能。

例 3-17 求 1 至 100 所有自然数的和。

```
# coding:utf-8
# 求 1 至 100 所有自然数的和

sum=0
for num in range(1,101):
```

学习笔记

```
        print(num)
        sum+=num

print("1 至 100 所有自然数的和 :%d" % sum)
```

在循环的过程中我们可以结束正在进行的循环的过程，直接开始下一次循环。

例 3-18 求 1 至 100 所有能被 3 整除的数的和。

```
# coding:utf-8
# 求 1 至 100 所有能被 3 整除数的和

sum=0
for num in range(1,101):
    if num%3==0:
        print(num)
        sum+=num

print("1 至 100 所有能被 3 整除的数的和 :%d" % sum)
```

还可以使用 break 来彻底终止循环。

例 3-19 输入一个自然数，从小到大输出它的前 3 个大于 2 的因子。

```
# coding:utf-8
# 输入一个自然数，从小到大输出它的前 3 个大于 2 的因子

a = int(input("请输入 1 个自然数 :"))
sum=0
idx=0;
for num in range(1,a+1):
    if a%num==0 and num>2:
        print(num)
        sum+=num
        idx+=1
        if idx==2:
            break

print("%s 前 3 个大于 2 的因子和 :%d" % (a,sum))
```

用 while 循环中的循环变量做下标，访问列表也是可以的。

例 3-20 求列表 ls=[1,2,3,4,5,6,7,8,9,10] 中奇数下标的元素之和。

```
# coding:utf-8
# 求列表中奇数下标的元素之和

ls=[1,2,3,4,5,6,7,8,9,10]
print("[ 列表元素 ]:")
print(ls)

sum=0
loops=len(ls)
```

```
idx=0
while idx<=loops:
    if (idx%2)!=0:#奇数
        #print(idx," is odd")
        print "下标:" + str(idx) + " 元素:", ls[idx]
        sum+=ls[idx]
    idx+=1

print("列表中奇数下标的元素之和:%d" % sum)
```

学习笔记

如果仅仅需要遍历一个数据集合中的所有元素，那么可以使用 for 循环。

例 3-21 求列表 ls=[1,2,3,4,5,6,7,8,9,10] 中所有元素之和。

```
1    # coding:utf-8
2    # 用 for 循环求列表中所有元素之和
3    #
4
5    ls=[1,2,3,4,5,6,7,8,9,10]
6    print("[列表元素]:")
7    sum=0
8    for itm in ls
9    sum+=itm
10
11   print("列表中所有元素之和:%d" % sum)
```

注意 for 循环的循环变量与集合中元素的类型一致，例 3.21 中的循环变量是一个整型，而例 3.22 中的循环变量就是一个字符串，这个循环变量并不需要预先声明。

例 3-22 依次打印列表 ls=["Beijing","Tianjin","Shijiazhuang","Shanghai","Chengdu","Xian"] 中所有元素。

```
# coding:utf-8
# 依次打印列表中所有元素

ls=["Beijing","Tianjin","Shijiazhuang","Shanghai","Chengdu","Xian"]
print("打印列表")
print(ls)
```

Python 可以利用列表名打印出列表内容，如例 3-21 的第 6 行，但是如果列表元素较多则会“缩略”。

例 3-23 利用 enumerate() 函数产生“索引”和“元素”对，依次打印列表 ls=["Beijing","Tianjin","Shijiazhuang","Shanghai","Chengdu","Xian"] 中所有元素。

```
# coding:utf-8
# 打印列表中所有元素
#

ls=["Beijing","Tianjin","Shijiazhuang","Shanghai","Chengdu","Xian"]
print("列表元素:")
for idx, city in enumerate(ls):
```

学习笔记

```
        print("%的, City Name:%s" % (idx, city))
```

可以利用 enumerate() 函数产生遍历集合，这使得集合不但包括列表中的数据元素，还可以包括数据元素的“索引”。

Python 3 中可以用 rang() 函数生成一个可迭代序列，比如例 3-23 中的 range() 函数利用第 1、2 个参数 100、200 生成了从 100 到 199 的所有数值，但同时利用第三个参数 2，控制步长值。

例 3-24 求大于 99 且小于 200 的所有偶数的和。

```
# coding:utf-8
# 求大于 99 且小于 200 的所有偶数和

sum=0
for number in range(100,200,2):
    sum+=number

print("[大于 99 且小于 200 的所有偶数和为]:%d" % sum)
```

前面用于 while 中的 continue、break 也可以用于 for 循环。

从以上例题总结循环的几种形式：

1. while 循环

最简单的循环就是 while 循环了。基本格式如下：

```
while 表达式 A:
    循环块 L
```

在 while 循环语句中，若表达式 A 为真，即表达式 A 计算结果为“非 0”或是布尔量“True”，则执行语句块 L；然后再次计算表达式 A 并根据再次计算的结果，决定是否再次执行语句块 L，如此往复循环，直至表达式 A 的值为“0”或是布尔量“False”。使用格式上要注意表达式 A 后面的冒号“:”和语句块 L 的缩进格式。

若循环体执行过程中出现 break 语句则循环终止，若循环是嵌套的，那么 break 只终止其所在层的循环。

若循环体执行过程中出现 continue 语句则本次循环终止，立即执行下一次循环。

2. for 循环

在访问列表的过程中使用了一种新的循环形式 for，在 Python 中 for 语句经常用来遍历一个集合中的所有元素，请看下面这种形式：

```
for rec in collection/ iterator:
    循环体 LB
```

这种形式已经见过，若集合是一个列表，那么 rec 将依次获得 My_list 列表中的 N 个元素的值，for 的循环体 LB 也将执行 N 次，可以利用 rec 在循环体中遍历列表。

3. range()

```
for i in range(N)
```

```
    循环体 LB
```

学习笔记

这种形式的循环是一个变体，因为函数 range(N) 的意义在于生成一个 0 到 N–1 的数字迭代器。也可以得到其他数字范围内的循环，for i in range(N,M,step) 的范围是从 N 到 M–1，步长值是 step。N，M 也可是递减的顺序，若这样，step 应该小于 0。

例 3-25 求大于等于 100 小于 200 的自然数中，哪个数的因子数量（本题不统计 1 和该自然数本身）最多，并列出该数的所有因子，若多个自然数的因子数量一样，则选择数值最小的自然数即可。例如在小于 10 的自然数中 6、8 的因子一样多，则输出：

```
6 的因子最多，因子数量为 2，因子分别是：2，3
```

```
# coding:utf-8
def factor(a):
    listFactor = []
    for num in range(2, a):# 不统计 1 和该自然数本身
        if a % num == 0:
            listFactor.append(num)
    return listFactor

resultFactor=[]
resultNumber=0
for number in range(100,200):
    fl=factor(number)
    if fl.__len__()>0:

        if fl.__len__()>resultFactor.__len__():
            resultFactor=fl
            resultNumber=number

print("%d's factor is most: %s" % (resultNumber,resultFactor))
```

3.2.4　随机模块

Python 中随机模块的功能很强大，本项目用了随机数生成功能。计算机中的随机数都称为伪随机数，即不能做到真正的随机，为了增强随机性，在使用随机数时需要设置随机数种子，在 Python 中调用 random.random() 时，Python 会利用系统时间自动设置个种子，由于时间的不可重复性，所以每次生成的随机数极大概率不会重复，若在生成随机数之前主动调用种子函数 seed(n)，且每次的参数 n 相同，那么生成的随机数序列也相同。

例 3-26 请修改下面程序中 random.seed(1) 函数的参数，执行多次，观察结果。

```
import random

i=0
j=0
random.seed(1)
while i<3:
    k=random.random()
```

学习笔记

```
        print(k)
        i+=1
```

例 3-27 请将下面程序执行 3 次，观察结果与例 3-26 进行对比。

```
import random

i=0
j=0
while i<3:
    k=random.random()
    print(k)
    i+=1
```

Python 的 random 模块还有个非常有用的功能——集合乱序，这个功能将指定集合打乱次序，简化了我们在项目中演示过的乱序方法。

例 3-28 请编织一个程序利用 random.shuffle 将 ls=["Beijing","Tianjin","Shijiazhuang","Shanghai","Chengdu","Xian"] 中所有元素乱序输出。

```
# coding:utf-8
# 利用 random.shuffle 将列表中所有元素乱序输出
#
import random

lst=["Beijing","Tianjin","Shijiazhuang","Shanghai","Chengdu","Xian"]
print("排序前列表 : %s" % lst)

random.shuffle(lst)
print("随机排序列表 : %s" % lst)
```

从以上例题总结 random 模块的常用函数：

①利用 random.random() 产生随机数。

②利用 random.seed(k) 设置随机数种子。

③利用 random.shuffle 将集合乱序。

④利用 random.randint(a, b) 返回随机整数 N，满足 a <= N <= b。

⑤利用 random.getrandbits(k) 返回具有 k 个随机比特位的非负 Python 整数。

⑥利用 random. randrange() 从 range(start, stop, step) 返回一个随机选择的元素。

⑦利用 random 返回一个随机浮点数 N，当 a <= b 时，a <= N <= b，当 b < a 时，b <= N <= a。

⑧利用 random choices(population, weights=None, *, cum_weights=None, k=1)，从 population 中选择替换，返回大小为 k 的元素列表。如果 population 为空，则引发 IndexError。

⑨利用 random. sample(population, k, *, counts=None)，返回从总体序列或集合中选择的唯一元素的 k 长度列表，用于无重复的随机抽样。

学习笔记

3.3 实践训练：实现有花色和点数功能完善的二十一点游戏

实践目标：

为二十一点游戏添加以下功能。

实践要求：

①游戏运行后共两个角色：电脑玩家和用户玩家，电脑作为庄家。

②游戏开始时、洗牌后，先给用户和电脑分别发两张牌作为底牌，庄家要显示一张底牌的牌面。

③判断双方底牌是否直接为 21 点，如果其中一方为 21 点则直接判胜利，并在总局分上加一分。如果双方都是 21 点，那就是平局，不得分。

④当初始牌面上，没有直接出现 21 点，允许用户玩家根据自己的牌面大小决定是否继续要牌。如果要牌，那就在牌堆中抽一张，然后再次判断胜负。如果用户牌面的总点数超过了 21 点，那就直接判输。

⑤如果用户玩家停止要牌了，并且没有因为超过 21 点而被判输的情况下，电脑可以按照既定规则补牌，该规则由读者开发，例如庄家牌点之和小于某数值就补牌等等，若补牌后庄家超过 21 点，则判庄家输。

⑥步骤④、⑤循环至双方都不再补牌。

⑦庄家也停止补牌后，按接近 21 点为胜的规则判断胜负，胜者总局分上加一分，若双方平局则不加分。

⑧完成一局游戏的时候，可由用户玩家决定，是否继续玩下一局。

⑨牌堆中剩余的牌数小于 8 张时，游戏自动结束。

⑩计算规则：2、3、4、5、6、7、8、9、10 分别是正常的点数，J、Q、K 分别为 11、12、13 点，A 当作 1 来计算。

有兴趣的读者也可以使用如下计算规则：2、3、4、5、6、7、8、9、10 分别是正常的点数，J、Q、K 皆为 10 点，A 为特殊牌，首先把 A 当作 11 来计算，但若此时牌面总点数如果大于 21，则 A 就当 1 计算，若一手牌有多张 A 可用不同的点数计算。

参考提示：

①扑克牌、花色、牌面所对应的数据结构：建议用列表完成。

②庄家与玩家手中的牌：建议分别使用 2 个列表，那么发牌的过程就简化为 3 个列表中数据的转移。

③玩家与电脑的计分器：建议用列表完成。

④游戏时记录一副牌的剩余张数：可以用整型指示位置，也可以使用列表切片。

函数设计（主要功能设计提示）：

①洗牌：random_cards(list)（函数）重新随机排列牌。

②发牌：get_one_poker(poker_list)（函数）从牌中随机抽出一个元素，并将其返回。

学习笔记

③计分：score_count(list)（函数）计算列表中牌点对应的分数。

④判断胜负：juge(int,int)（函数），用庄家、玩家的分数判断胜负。

⑤开局初始化：start_game_init (poker_data)（函数）初始化工作只发两张牌。

习　题

一、选择题

1.（　　）结构测试一个条件，然后在条件为真时选择一条执行路径，在条件为假时选择另一条执行路径。

A. if　B. 单分支选择　C. 双分支选择　D. 顺序

2. 可以使用一条（　　）语句来编写一个双分支选择结构。

A. if　B. if...then　C. if...else　D. if...call

3.（　　）控制的循环使用一个为真 / 假的条件来控制它重复执行的次数。

A. 布尔　B. 条件　C. 决策　D. 计数

4.（　　）控制的循环重复执行指定的次数。

A. 布尔　B. 条件　C. 决策　D. 计数

5. 循环每一次重复称为一次（　　）。

A. 周期　B. 旋转　C. 圆圈　D. 迭代

6. while 循环是一种（　　）类型的循环。

A. 先测试　B. 无测试　C. 预审　D. 后迭代

7.（　　）循环没有办法停下来，直到程序被系统中断为止。

A. 不确定的　B. 无止境的　C. 无限　D. 永恒的

8. 关于 break 的作用，以下说法正确的是（　　）。

A. 按照缩进跳出当前层语句块

B. 按照缩进跳出函数缩进外的所有语句块

C. 跳出当前层 for/while 循环

D. 跳出所有 for/while 循环

9. range(31) 的含义是（　　）。

A. 在从 0 到 31（包括）的范围内生成一组迭代整数

B. 在从 0 到 31（不包括）的范围内生成一组迭代整数

C. 在从 1 到 31（不包括）的范围内生成一组迭代整数

D. 在从 1 到 31（包括）的范围内生成一组迭代整数

10. 要在字符串中包含变量 num 的值，宽度为 10，右对齐，以下（　　）能实现。

A. F'{num:^10}'　B. f'{num:<10}'　C. F'{num:>10}'　D. f'{>10:num}'

11. 以下（　　）是正确的。

A. if a >= 22:　B. if (a >= 22)　C. if (a => 22)　D. if a >= 22

学习笔记

12. 以下（　　）关键字是用于给 if 语句添加其他条件语句的。

A. else if　　B. elseif　　C. elif　　D. 以上都不是

13. 以下代码中（　　）是正确的 for 循环语句。

A. for(a = 0; a < 3; a++)　　B. for a in range(3)

C. for a loop 3:　　D. for a in range(1,3):

14. 以下代码中（　　）是正确的 while 循环语句。

A. while loop a < 10　　B. while a < 10:

C. while(a < 10)　　D. while loop a < 10:

15.

```
x = True
y = False
z = False
if x or y and z:
    print("yes")
else:
    print("no")
```

以上代码输出结果为（　　）。

A. yes　　B. no　　C. 编译出错　　D. 不会出结果

16.

```
x = True
y = False
z = False
if not x or y:
    print(1)
elif not x or not y and z:
    print(2)
elif not x or y or not y and x:
    print(3)
else:
    print(4)
```

以上代码输出结果为（　　）。

A. 1　　B. 2　　C. 3　　D. 4

17. 在 Python 3 中，以下代码运行结果为（　　）。

```
for i in range(10,1,-2):
    print (i, end = ',')
```

A. 9,7,5,3,1,　　B. 10,8,6,4,2,　　C. 1,3,5,7,9,　　D. 10,8,6,4,2,1,

二、判断题

1. 一个选择结构可以嵌套在另一个选择结构中。（　　）
2. 条件控制的循环总是重复执行指定的次数。（　　）
3. while 循环是一个先测试的循环。（　　）

学习笔记

4. 在一个嵌套的循环中，外层循环每迭代一次，内层循环都要完成全部的迭代。（ ）

5. 若要计算一个嵌套循环总的迭代次数，将每一层循环的迭代次数相加即可。（ ）

6. 可以使用 for 循环遍历字符串中的单个字符。（ ）

三、编程题

1. 创建两个各有 5 个元素的列表，求两列表中相同元素的下标。

2. 完数指该数所有的真因子（即除了自身以外的约数）的和，恰好等于它本身。求 1 000 以内的所有完数。

3. 任意输入三个自然数 a、b、c，求这三个数是否能组成三角形，若能，用海伦公式求面积。

4. 任意输入三个自然数 a、b、c，求这三个数组成的 $ax^2+bx+c=0$ 的一元二次方程是否有实数解，若有，求出这两个解。

5. 将例 3-14 的列表打印成表格输出。

6. 完成 3.3 实践训练中的项目，调试运行。

7. 请编写一个程序，提示用户输入一个时间秒数，然后按如下要求处理：

- 如果输入的秒数大于或等于 60，则将其转换为分钟数和秒数输出；
- 如果输入的秒数大于或等于 3 600，则将其转换为小时数、分钟数和秒数输出；
- 如果输入的秒数大于或等于 86 400，则将其转换为天数、小时数、分钟数和秒数输出。

8. 编写一个猜数字游戏，程序随机生成一个 1 至 50 之间的整数，让用户输入所猜的数，根据用户的输入给出太大、太小或正确的提示，如果没有猜中则继续猜，猜中则结束程序。

9. 编写一个函数 get_time_name(hours, minutes)，返回用中文表示的时间，比如 get_time_name(11,50) 返回 "11 时 50 分 "。如果参数 hours 不在 1 ～ 12 之间，参数 minutes 不在 0 ～ 59 之间则返回错误提示 " 输入有误 "。

10. 编写一个程序，要求用户输入一串数字，程序计算所有数字的总和并输出。例如，用户输入 2514，程序应返回 12，是 2，5，1 和 4 的总和。

11. 编写一个函数 which_day(year, month, date)，计算指定的年月日是这一年的第几天 。

12. 编写一个函数 convert_to_seconds，将形如 5D, 12m，30s 的字符串转为一个浮点数的秒，其中传入字符串最后一位为 d 或 D 代表天，m 或 M 代表分钟，s 或 S 代表秒。比如 convert_to_seconds('5d') 应该返回 432000.0，convert_to_seconds('1230M') 应该返回 73800.0，convert_to_seconds('12s') 应该返回 12.0。

13. 假设一个系统的用户名是 user01，密码是 abc123，编写一个程序进行用户登录验证，如果用户名和密码与程序设置一致则提示“登录成功”，否则提示“用户名或密码错误，请重试！”，一共有三次机会重试，超出三次程序结束。

学习笔记

14. 请编写一个循环程序，要求用户输入一系列的正整数。用户通过输入 0 来结束输入，完成输入后，程序计算并显示它们的和。

15. 编写一个程序，要求用户输入 5 个考试分数。该程序每个分数对应的等级及平均分。在程序中编写以下函数：calc_average，接收五个考试分数作为参数，并返回分数的平均值。determine_grade，接收一个考试分数为参数，返回等级，规则如下：90 ～ 100 为 A，70 ～ 89 为 B，60 ～ 69 为 C，低于 60 为 D。

16. 编写一个程序，判断以“年 / 月 / 日”的形式输入的日期是否有效，例如，2019/6/5 是有效的，2020/13/6 和 2008/2/30 是无效的。

17. 某门课程规定学生可以参加多次考试，最终成绩为去掉最低分之后所有成绩的平均值。老师请你设计一个程序，将学生的考试成绩作为输入，计算去掉最低分后的平均成绩。

18. 计算 $s = a + aa + aaa + ... + aa...a$ 的和，其中 a 为 [1,9] 之内一个整数，最后一项有 n 个 a，a 与 n 由键盘输入。

项目4 开发一个万年历

学习笔记

到目前为止，我们已经学习了 Python 的变量、表达式、语句、顺序、选择、循环结构以及函数。这些知识足够应对日常的程序开发，但是对大家来说，总是觉得这些知识与真实开发之间还有些距离，其实，这只是缺乏信心和经验。

本项目我们通过一个实际案例来深入体验软件开发过程，利用所学过的知识开发一个程序。体会点滴功能如何组合成一个完善的项目。

大多数软件开发的入门者都会认为自己“不足以开发”如此的程序，其实知识和工具的储备足够了就可以，细想一下，开发的困难在于找不到落脚点，而前面说到的“迭代增量”的方法就是先写出一个简单的框架版本，然后在此基础上不断完善，就像在马拉松的路上给自己设置一个个“可达到”的目标。你不用考虑如何完成全程，只需考虑如何到达比较近的目标。

素养要点：迭代与自我成长

迭代，最初是一个科学概念，通常应用于数学和计算机领域。迭代是重复反馈过程的活动，其目的通常是逼近目标或结果。每一次对过程的重复称为一次“迭代”，而每一次迭代得到的结果会作为下一次迭代的初始值。迭代就是一个反复求精的过程，是提升质量的过程。

我们在做事情的时候，会遇到这样的情况：第一次做一件事，做得很差，第二次做同样一件事，改进一点，不断重复，第 *N* 次做同样一件事，也许就非常成功了，这就是迭代思维的体现。很多人在做事情时总想着要一切准备齐全了才动手去做，对于重大的事项我们可以多做准备，可是对于日常的学习工作，边学边做，是更好的策略。要杜绝过度的完美主义倾向，这样只会妨碍我们的执行力，让我们只停留在“空想家”的层面。

4.1 项目实践与解析

本项目目标是完成一个“万年历程序”，用户输入年和月的数字，程序则输出用户指定的月历，如图 4-1 所示，输入 2019 年 3 月，程序将打印正确的包含星期的月历。

学习笔记

```
请输入年份: 2019
请输入月份: 3
     March 2019
Mo Tu We Th Fr Sa Su
             1  2  3
 4  5  6  7  8  9 10
11 12 13 14 15 16 17
18 19 20 21 22 23 24
25 26 27 28 29 30 31
```

图 4-1　万年历程序运行结果演示

4.1.1　输出样子正确的月历

我们把输出万年历项目分为三个目标，第一个目标就是：输出一个样子正确的月历，不需要任何“功能”。

第一阶段可以全部用打印完成，所以比较容易。以后每阶段都在以前的基础上前进了一小步，但每阶段都是完整的，每阶段都有一个令开发者感兴趣的结果。这就是“迭代增量”的含义。开发这个项目时，千万不要找个完整的万年历程序试图“读懂”，根本没有意义，一定要尝试并体会项目“生长”的过程。

第一阶段的目标如图 4-2 所示。

```
SUN    MON    TUE    WED    THU    FRI    SAT
 1      2      3      4      5      6      7
 8      9     10     11     12     13     14
15     16     17     18     19     20     21
22     23     24     25     26     27     28
29     30     31
```

图 4-2　万年历项目第一阶段的目标

利用print打印这个“样子”并不难，关键在于需要将所有输出内容组成一个“字符串”。于是就先写以下代码：

```
out_str= " SUN  MON  TUE  WED  THU  FRI  SAT "
for i in range(1, 32):
    out_str = out_str + str(i)
print(out_str)
```

结果如图 4-3 所示。

```
SUN  MON  TUE  WED  THU  FRI  SAT 12345678910111213141516171819202122232425262728293031
```

图 4-3　无格式打印日期

所有 31 天的数字在一行，想一想，应该插入一些空格，然后每 7 个插入一个“回车”。插入空格好解决，每 7 个插入一个“回车”则可以利用 % 运算，由于第一个被整除的数字：“0”，于是程序的代码变成了这样：

```
out_str= " SUN  MON  TUE  WED  THU  FRI  SAT "
for i in range(1, 32):
    if i % 7 == 0:
        out_str = out_str + '\n' + str(i)
    else:
```

学习笔记

```
        out_str = out_str + '  ' + str(i)
print(out_str)
```

结果如图 4-4 所示。

```
 SUN  MON  TUE  WED  THU  FRI  SAT   1  2  3  4  5  6
7  8  9  10  11  12  13
14  15  16  17  18  19  20
21  22  23  24  25  26  27
28  29  30  31
```

图 4-4　初步插入回车的日期打印

我们希望从“1”就开始第一次换行，但由于满足条件 i % 7 == 0 的第一个数字是“7”，因此我们还要再修改，把 for 循环的范围由原来的 1 至 31 改成 0 至 30，然后把每次增加的 i 改为 i+1：

```
out_str= " SUN  MON  TUE  WED  THU  FRI  SAT "
for i in range(31):
    if i % 7 == 0:
        out_str = out_str + '\n' + str(i+1)
    else:
        out_str = out_str + '  ' + str(i+1)
print(out_str)
```

很接近目标了，只是输出无法对齐，依靠程序中字符串加入的空格是很难对齐的，这时候就可以用“字符串的格式化输出了”，代码如下：

```
out_str= " SUN  MON  TUE  WED  THU  FRI  SAT "
for i in range(31):
    if i % 7 == 0:
        out_str = out_str + f'\n{i+1:^5}'
    else:
        out_str = out_str + f'{i+1:^5}'
print(out_str)
```

这里用的是 f-string 的字符串格式化方法，这里我们补充一些与控制输出宽度、对齐方式相关的内容。

f-string 采用 {content:format} 设置字符串格式，其中 content 是替换并填入字符串的内容，可以是变量、表达式或函数等，format 是格式描述符。采用默认格式时不必指定 {:format}，关于格式描述符的详细语法及含义可查阅 Python 官方文档，这里按使用时的先后顺序简要介绍常用格式描述符的含义与作用：

对齐格式描述符见表 4-1。

表 4-1　对齐格式描述符

格式描述符	含义与作用
<	左对齐（字符串默认对齐方式）
>	右对齐（数值默认对齐方式）
^	居中

宽度与精度相关格式描述符见表 4-2。

学习笔记

表 4-2　宽度与精度相关格式描述符

格式描述符	含义与作用
width	整数 width 指定宽度
0width	整数 width 指定宽度，开头的 0 指定高位用 0 补足宽度
width.precision	整数 width 指定宽度，整数 precision 指定显示精度

上面代码中 f'{i+1:^5}' 的含义就是显示内容为表达式 i+1 的值，居中对齐，占 5 个字符宽度（考虑到第一行的星期占 3 个字符，左右各留 1 个空格，因此设置为 5 个字符宽度），这样的结果就比较完美了，结果如图 4-5 所示。

```
 SUN  MON  TUE  WEN  THU  FRI  SAT
  1    2    3    4    5    6    7
  8    9   10   11   12   13   14
 15   16   17   18   19   20   21
 22   23   24   25   26   27   28
 29   30   31
```

图 4-5　调整好格式的日期打印

注意：如果用 str.format 方法控制格式则这样写 '{:^5d}'.format(i + 1)。

至此，版本 1 完成。

4.1.2　输出天数正确的月历

第一阶段完成后，需要确立第二阶段的目标，第二阶段的目标来自第一阶段的不足。在版本 1 中我们输出了一个“假”月历，固定输出 31 天，其实每个月份对应的天数有多种情况，那么，我们可以把“以输入年、月来确定每月打印的天数”作为第二阶段的目标。

我们知道，每个月的天数有 28、29、30、31 四种情况，和月份相关，也与年份相关（闰年的 2 月是 29 天）。

第二阶段的第一步比较简单，把原来循环里那个固定值“31”变成一个变量，所以程序改为：

```
out_str= " SUN  MON  TUE  WED  THU  FRI  SAT "
days_in_month = 31
for i in range(days_in_month):
    if i % 7 == 0:
        out_str = out_str + f'\n{i+1:^5}'
    else:
        out_str = out_str + f'{i+1:^5}'
print(out_str)
```

在程序中我们增加了变量 days_in_month，在 for 循环中它代替 31 控制了“打印天数”，那么，只要控制 days_in_month 变量的值就能控制“打印天数”了。

刚才我们说过，每个月的天数和月份、年份相关，具体输出哪年哪月的日历由用户控制，我们在程序中增加输入和条件判断部分：

```
year = 0
month = 0
year = int(input('请输入年份：'))
```

学习笔记

```
month = int(input('请输入月份：'))

if month == 1 or month == 3 or month == 5 or month == 7 or month == 8 or month == 10 or month == 12:
    days_in_month = 31
elif month == 4 or month == 6 or month == 9 or month == 11:
    days_in_month = 30
else:
    days_in_month = 28

out_str= " SUN  MON  TUE  WED  THU  FRI  SAT "

for i in range(days_in_month):
    if i % 7 == 0:
        out_str = out_str + f'\n{i+1:^5}'
    else:
        out_str = out_str + f'{i+1:^5}'
print(out_str)
```

我们利用了一个 if...elif...else 结构来确定了输入的月份和打印天数的关系：

```
if month == 1 or month == 3 or month == 5 or month == 7 or month == 8 or month == 10 or month == 12:
    days_in_month = 31
elif month == 4 or month == 6 or month == 9 or month == 11:
    days_in_month = 30
else:
    days_in_month = 28
```

但是这个结构不够巧妙，有经验的程序员经常考虑的一个问题就是减少程序中的 if。因为程序 = 算法 + 数据结构，所以只要数据结构恰当，算法就可以简单一些。我们可以把每个月的天数组织起来放入一个元组（数据不可变的列表，我们在后面学习）中：

```
days_in_month = (0,31,28,31,30,31,30,31,31,30,31,30,31)
```

由于元组的索引（下标）从 0 开始，而月份从 1 开始，所以在元组的 0 元素位置使用 0 占个位置，这样打印天数就简单地变为 days_in_month[month] 了：

```
days_in_month[1] = 31, days_in_month[2] = 28 ......
```

这样做我们就省略了很多 if，其实只要计算得当，内存充裕，任何一个程序的任何一个 if 都是可以被优化的。

代码中还有不妥之处：一是对“闰年 2 月”没做处理，另外如果能把一些判断和求值都“工具化”就好了。于是我们考虑定义两个函数，一个判断是否是闰年 is_leap_year，另一个求输入的月份有多少天 days_in_month，为了使程序结构更清晰，我们把函数都放到另一个文件中去，这样还可以利于今后的复用，于是分化的两个文件如下：

```
calendar_2.py
from calendar_tools import *
year = 0
```

```
month = 0
year = int(input('请输入年份：'))
month = int(input('请输入月份：'))

print_days = days_in_month(year, month)

out_str= " SUN  MON  TUE  WED  THU  FRI  SAT "

for i in range(print_days):
    if i % 7 == 0:
        out_str = out_str + f'\n{i+1:^5}'
    else:
        out_str = out_str + f'{i+1:^5}'
print(out_str)
```

calendar_tools.py

```
tu_days_in_month = (0,31,28,31,30,31,30,31,31,30,31,30,31)

def is_leap_year(year):
    if year % 4 == 0 and year % 100 != 0 or year % 400 == 0:
        return True
    else:
        return False

def days_in_month(year, month):
    if is_leap_year(year) and month == 2:
        return 29
    else:
        return tu_days_in_month[month]
```

calendar_tools.py 包含了两个函数，其中 is_leap_year() 用来判断输入的年份是否是闰年，返回一个布尔值。

函数 days_in_month() 的用途是根据参数 year、month 来计算指定的月份应该有（打印）多少天，在 days_in_month() 函数中调用了 is_leap_year() 来确定输入的年份是否是闰年。

calendar2.py 是程序的主体结构，首先使用 from calendartools import * 导入了 calendartools.py，在获取了用户输入的年份、月份后，调用函数 days_in_month() 计算出该月需要打印多少天，并返回给 printdays。

至此我们完成了版本 2，可以根据用户输入的年份、月份，输出一个天数正确的月历。

4.1.3 为项目引入版本管理并改善月历功能

版本 2 已经可以根据用户输入的年份、月份，输出一个天数正确的月历了。下一个要解决的问题是确定某月一日与星期的对应关系，这样就能够输出一个正确的月历。

确定了第三阶段的目标，我们面对一个月历进行分析，每月从最左端开始（日期的 1 日对应星期日）可以方便地控制以 7 个日期加入一个回车的形式输出该月的月历，但是实际的月历的 1 日并不都是从最左边开始，怎么办呢？

观察得知，若开始打印位置不是周日，那么打印结束的位置就会延展相应的天数。

学习笔记

举个例子，若某月的 1 日是周三，那么开始和结束打印的位置将都向后 3 个打印位置。那么用一个变量 week_day 存储每月 1 日对应的星期，其中周日对应 week_day = 0，周六对应 week_day = 6。那么打印的范围就是：range(print_days + week_day)，我们先试一下：

```
print_days = days_in_month(year, month)

out_str= " SUN  MON  TUE  WED  THU  FRI  SAT "

week_day = 3

for i in range(print_days + week_day):
    if i % 7 == 0:
        out_str = out_str + f'\n{i+1:^5}'
    else:
        out_str = out_str + f'{i+1:^5}'
print(out_str)
```

代码运行结果如图 4-6 所示。

```
>>> %Run calendar_3.py
 请输入年份: 2020
 请输入月份: 1
  SUN  MON  TUE  WEN  THU  FRI  SAT
   1    2    3    4    5    6    7
   8    9   10   11   12   13   14
  15   16   17   18   19   20   21
  22   23   24   25   26   27   28
  29   30   31   32   33   34
```

图 4-6　打印“延展天数”的日历

在代码中我们定义了 week_day = 3，把打印范围改成了 range(print_days + week_day)。

从结果看，输入的是 2020 年 1 月，打印的日期从 1 打印到 34 了，打印开始的位置依然是最左侧（周日），看来我们顺利地把输出日期向后扩展了，但起始位置和日期还不正确，对此程序需要修补一下。

首先，输出的日期 i + 1 现在多了 week_day（这里是 3），我们把它改成：i + 1 – week_day 应该就可以了：

```
for i in range(print_days + week_day):
    if i % 7 == 0:
        out_str = out_str + f'\n{i+1-week_day:^5}'
    else:
        out_str = out_str + f'{i+1-week_day:^5}'
```

代码运行结果如图 4-7 所示。

```
>>> %Run calendar_3.py
 请输入年份: 2020
 请输入月份: 1
  SUN  MON  TUE  WEN  THU  FRI  SAT
  -2   -1    0    1    2    3    4
   5    6    7    8    9   10   11
  12   13   14   15   16   17   18
  19   20   21   22   23   24   25
```

图 4-7　正确输出“1 号”位置的日历

学习笔记

现在 1 日的起始位置和日期已经正确了，只是在 1 日之前还多了 3 天，我们只需要做个判断，大于 0 的日期原样输出，其他的打印占位符即可。

```
for i in range(print_days + week_day):
    print_day = i + 1 - week_day
    if i % 7 == 0:
        if print_day > 0:
            out_str = out_str + f'\n{print_day:^5}'
        else:
            out_str = out_str + '\n' + ' ' * 5
    else:
        if print_day > 0:
            out_str = out_str + f'{print_day:^5}'
        else:
            out_str = out_str + ' ' * 5
```

代码运行结果如图 4-8 所示。

```
>>> %Run calendar_3.py
 请输入年份: 2020
 请输入月份: 1
  SUN  MON  TUE  WEN  THU  FRI  SAT
                   1    2    3    4
   5    6    7    8    9   10   11
  12   13   14   15   16   17   18
  19   20   21   22   23   24   25
  26   27   28   29   30   31
```

图 4-8　正确打印的完整日历

我们在原有的 if 结构中嵌入了判断数字是否大于 0 的结构，至此第三阶段也完成了。程序已经能打印一个正常的月历，离最终的目标已经相当接近，其中“小技巧”固然重要，但是需要着重体会的是“迭代”的方法。下面只要让程序能够自动计算 week_day 的值就可以了，这是第四阶段要解决的问题。

到此为止我们已经完成了三个版本的万年历开发，随着版本的增加我们需要考虑如何管理这些程序版本。当然像这个项目的规模我们可以靠手工管理，但是如果一个复杂项目，尤其是需要多人协作的项目，就需要使用专门的工具来进行版本控制了。

知识拓展：版本控制

版本控制是指在软件开发过程中对各种程序代码、配置文件及说明文档等文件变更的管理，版本控制系统能够随着时间的推进记录一系列文件的变化，方便以后随时回退到某个版本。版本控制系统分为三大类：

1. 本地版本控制系统

平时开发不使用版本控制系统的情况下，我们一般会采用复制整个项目目录的方式来保存不同的版本，这种方式需要对项目频繁进行复制，最终整个工作目录会比较臃肿混乱，并且时间一长很难区分版本之间的差异。

为了解决这个问题，人们开发了本地版本控制系统，一般是采用某种简单的数据库来记录文件的历次更新差异。比如流行的 RCS(revision control system)，它的工作原理是在硬盘上保存补丁集（补丁指文件修订前后的变化），通过应用所有的补丁，可以重新计算出各个版本的文件内容。

学习笔记

本地版本控制系统原理如图 4-9 所示。

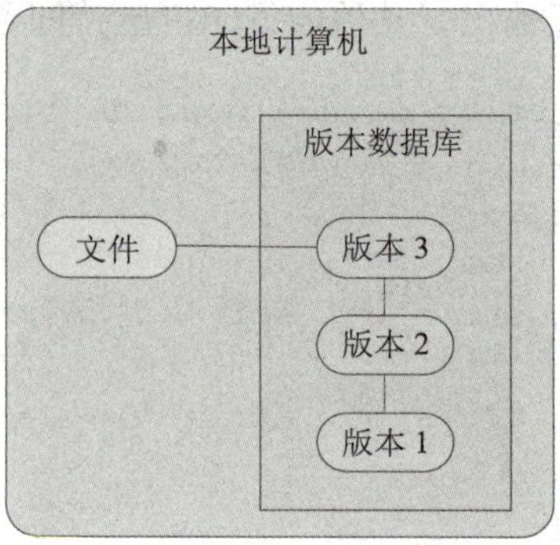

图 4-9　本地版本控制系统原理

本地版本控制系统基本上解决了手动复制代码进行版本管理的问题，但无法解决多人协作的问题。

2．集中式版本控制系统

集中式版本控制系统是为了解决不同系统上的开发者协同开发，即多人协作的问题，主要有 CVS（concurrent versions system）和 SVN（subversion 的缩写）。集中式版本控制系统有一个单一的集中管理的中央服务器，保存所有文件的修订版本，由管理员管理和控制开发人员的权限，而协同工作的人们通过客户端连到中央服务器，从服务器上拉取最新的代码，在本地开发，开发完成再提交到中央服务器。

集中式版本控制系统原理如图 4-10 所示。

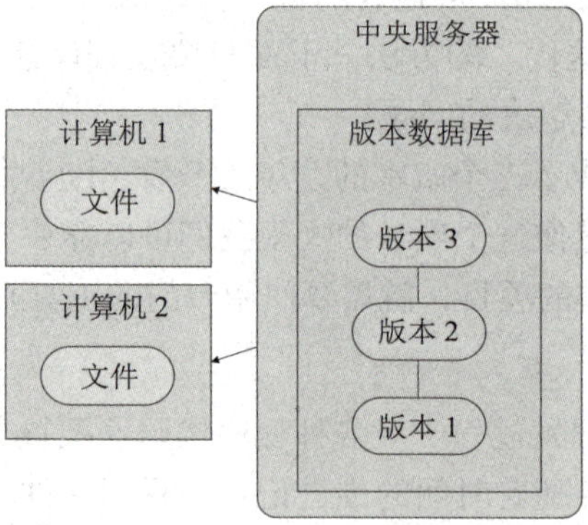

图 4-10　集中式版本控制系统原理

集中式版本控制系统的优点是：

- 操作简单，只需要拉取代码、开发、提交代码。
- 基本解决多人协作问题，每个人都可以从服务器拉取最新代码了解伙伴的进度。
- 管理员可以轻松控制各开发者的权限。
- 只需要维护中央服务器上的数据库即可。

但是集中式版本控制系统也有明显的缺点：

- 本地没有全套代码，没有版本信息，提交更新都需联网跟服务器进行交互，对网络要求较高。

• 风险较大，服务器一旦宕机，所有人无法工作，服务器磁盘一旦损坏，如果没有备份将丢失所有数据。

3. 分布式版本控制系统

分布式版本控制系统很好地解决了集中式版本控制系统的缺点。首先，在分布式版本控制系统中，系统保存的不是文件变化的差量，而是文件的快照，即把文件的整体复制下来保存，其次，最重要的是分布式版本控制系统是去中心化的，当你从中央服务器拉取下来代码时，拉取的是一个完整的版本库，不仅仅是一份生硬的代码，还有历史记录、提交记录等版本信息，这样即使某一台机器宕机也能找到文件的完整备份。

分布式版本控制系统原理如图 4-11 所示。

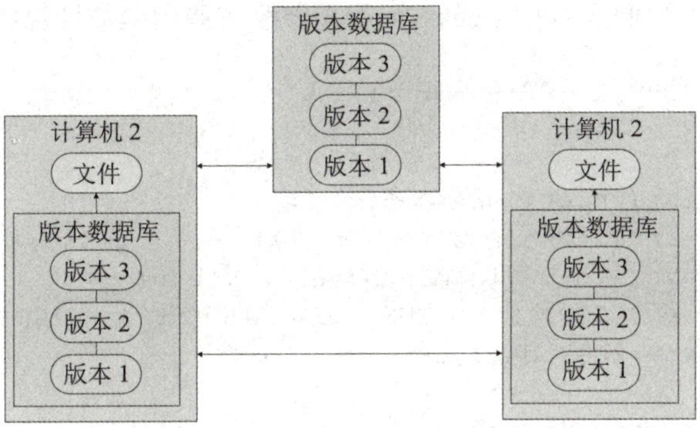

图 4-11　分布式版本控制系统原理

目前最流行的分布式版本控制系统是 Git，Git 是 Linux 发明者 Linus 开发的，已经成为软件开发者必须掌握的版本控制工具。Git 可以在任何时间点，把文档的状态作为更新记录保存起来。因此可以把编辑过的文档复原到以前的状态，也可以显示编辑前后的内容差异。而且，编辑旧文件后，试图覆盖较新的文件的时候（即上传文件到服务器时），系统会发出警告，因此可以避免在无意中覆盖了他人的编辑内容。

鉴于本书篇幅所限，我们在这里就不详细介绍 Git 的用法了，读者自行查阅资料学习。

4.1.4　完成“年历”

如何计算 week_day 呢，观察月历可以发现日期对应于星期的规律是 7 天一个循环，那么只要知道年份的 1 月 1 日对应的星期，然后用累计天数对 7 求余的方法就可以知道任意一天对应的星期了。

比如 2020 年 1 月 1 日是周三，那么 60 天后的 3 月 1 日就是 (60 + 3) % 7 = 0，这样可以计算出 3 月 1 日是周日（注意 0-6 分别对应周日至周六）。

我们以 2020 年为例，现在需要计算出用户输入的月份的 1 日距离 1 月 1 日有多少天，就可以计算出 2020 年每个月的 1 日是星期几了。定义两个函数，days_before_month() 用来计算用户输入的月份的 1 日距离 1 月 1 日有多少天，week_day() 用来计算 week_day 的值：

```
def days_before_month(year, month):
    days = 0
    i = 0
```

学习笔记

```
    while i < month:
        days += days_in_month(year, i)
        i += 1
    return days

def week_day(year, month):
    days = days_before_month(year, month)
    return (days + 3) % 7
```

days_before_month() 函数中用了一个 while 循环把传入的月份之前的天数进行累加。

week_day() 函数则调用了 days_before_month() 函数，计算出 week_day 的值并返回。

这样在主程序中我们只有把 week_day = 3 修改成调用函数计算的值就可以了。

```
from calendar_tools import *
year = 0
month = 0
year = int(input('请输入年份：'))
month = int(input('请输入月份：'))
print_days = days_in_month(year, month)
out_str = " SUN  MON  TUE  WED  THU  FRI  SAT "
week_day = week_day(year, month)

for i in range(print_days + week_day):
    print_day = i + 1 - week_day
    if i % 7 == 0:
        if print_day > 0:
            out_str = out_str + f'\n{print_day:^5}'
        else:
            out_str = out_str + '\n' + ' ' * 5
    else:
        if print_day > 0:
            out_str = out_str + f'{print_day:^5}'
        else:
            out_str = out_str + ' ' * 5
print(out_str)
```

至此，我们完成了一个“年历”，可以正确输出一年中每个月的月历，接下来我们把”年历“转换成”万年历“就完成了整个程序。

最后一步其实很简单，程序已经能够利用计算一年中某月之前的天数来确定某月的 1 日是周几，然后打印该月的月历，那么同样的道理，若知道从公元 1 年 1 月 1 日（星期一）起到某年某月之前一共有多少天，就可以知道该月 1 日应该打印位置了。

可以将求总天数分成两部分，一部分是已经完成的：求当年天数，另一部分就是求该年份之前的所有年份的总天数，需要再定义一个函数 days_before_year()，计算并返回该年份之前的所有年份的总天数。这个需求可以利用一个循环完成，其中闰年累加 366，平年累加 365。

现在由你自己完成最后一次迭代，实现一个真正的万年历吧。

4.1.5 单元测试

学习笔记

视频

单元测试

单元测试（unit testing），是指对软件中的最小可测试单元进行检查和验证。对于单元测试中单元的含义，一般来说，要根据实际情况去判定其具体含义，如一个函数或一个类。总的来说，单元就是人为规定的最小的被测功能模块。单元测试是在软件开发过程中要进行的最低级别的测试活动，软件的独立单元将在与程序的其他部分相隔离的情况下进行测试。

比如对本项目中的函数 is_leap_year()，我们可以编写出以下几个测试用例：

输入闰年，比如 1996、2008、2000，期待返回值为 True；

输入平年，比如 1900、1998、2002，期待返回值为 False；

输入非数值类型，比如 None、'1998'、'abc'，期待抛出 TypeError。

把上面的测试用例放到一个测试模块里，就是一个完整的单元测试。

如果单元测试通过，说明我们测试的这个函数能够正常工作。如果单元测试不通过，要么函数有 bug，要么测试条件输入不正确，总之，需要修复使单元测试能够通过。

单元测试通过后有什么意义呢？如果我们对 is_leap_year () 函数代码做了修改，只需要再跑一遍单元测试，如果通过，说明我们的修改不会对 is_leap_year() 函数原有的行为造成影响，如果测试不通过，说明我们的修改与原有行为不一致，要么修改代码，要么修改测试。

这种以测试为驱动的开发模式最大的好处就是确保一个程序模块的行为符合我们设计的测试用例。在将来修改的时候，可以极大程度地保证该模块行为仍然是正确的。

Python 中有一个自带的单元测试框架 unittest 模块，用它来做单元测试，它里面封装好了一些校验返回的结果方法（断言）和一些用例执行前的初始化操作。

我们先来看一个简单的例子：

待测试单元：leap.py。

```
def is_leap_year(year):
    if year % 4 == 0 and year % 100 != 0 or year % 400 == 0:
        return True
    else:
        return False
```

测试代码：leap_test.py。

```
import unittest
from leap import *

class TestIsLeapYearFunc(unittest.TestCase):
    """Test leap.py"""

    def test_true(self):
        """Test function is_leap_year(year)"""
        self.assertTrue(True, is_leap_year(2000))
        self.assertTrue(True, is_leap_year(2008))

    def test_false(self):
```

学习笔记

```
        """Test function is_leap_year(year)"""
        self.assertFalse(False, is_leap_year(1900))
        self.assertFalse(False, is_leap_year(1998))

    def test_error(self):
        """Test function is_leap_year(year)"""
        with self.assertRaises(TypeError):
            is_leap_year('1988')

if __name__ == '__main__':
    unittest.main()
```

测试结果如图 4-12 所示。

```
>>> %Run leap_test.py
  ...
  ----------------------------------------------------------------------
  ----
  Ran 3 tests in 0.000s

  OK
```

图 4-12　测试结果

能够看到一共运行了 3 个测试，全部成功，有几点需要说明：

①测试结果的第一行给出了每一个用例执行的结果的标识，成功是 ...，失败是 F，出错是 E，跳过是 S。

②每个测试方法均以 test 开头，否则是不被 unittest 识别的。

③在 unittest.main() 中加 verbosity 参数可以控制输出的错误报告的详细程度，默认是 1，如果设为 0，则不输出每一用例的执行结果，即没有上面的结果中的第 1 行；如果设为 2，则输出详细的执行结果，如图 4-13 所示。

```
unittest.main(verbosity = 2)
```

```
>>> %Run leap_test.py
  test_error (__main__.TestIsLeapYearFunc)
  Test function is_leap_year(year):error ... ok
  test_false (__main__.TestIsLeapYearFunc)
  Test function is_leap_year(year):False ... ok
  test_true (__main__.TestIsLeapYearFunc)
  Test function is_leap_year(year):True ... ok

  ----------------------------------------------------------------------
  Ran 3 tests in 0.000s

  OK
```

图 4-13　详细的执行结果

上面是一个最简单的单元测试实例，下面我们详细了解 unittest。unittest 中最核心的部分是：TestFixture、TestCase、TestSuite、TestRunner。

1. 测试脚手架（Test Fixture）

测试脚手架的作用是为开展一项或多项测试所需要进行的准备工作，以及所有相关的清理操作。当测试用例每次执行之前需要准备测试环境，每次测试完成后还原测试环境，比如执行前连接数据库、打开浏览器等，执行完成后需要还原数据库、关闭浏览器

学习笔记

等操作。这时候就可以启用测试脚手架。

主要方法：

- setUp()：准备环境，执行每个测试用例的前置条件。
- tearDown()：环境还原，执行每个测试用例的后置条件。
- setUpClass()：必须使用 @classmethod 装饰器，所有 case 执行的前置条件，只运行一次。
- tearDownClass()：必须使用 @classmethod 装饰器，所有 case 运行完后只运行一次。

2．测试用例（TestCase）

一个测试用例是一个独立的测试单元，它检查输入特定的数据时的响应。unittest 提供一个基类 TestCase，用于新建测试用例。

注意测试用例命名规则，继承自 unittest.TestCase 的类中，测试方法的名称要以 test 开头，且只会执行以 test 开头定义的方法（测试方法），测试用例执行的顺序会按照方法名的 ASCII 值排序。

3．测试套件（TestSuite）

可以将多个测试用例集合在一起，能一起执行选中的测试用例。

方式一：

```
suite = unittest.TestSuite() # 创建测试套件
case_list = ["test1","test2"….]
For case in case_list:
    suite.addTest(类名(case))
```

方式二：

```
suite = unittest.TestSuite() # 创建测试套件
loader = unittest.TestLoader() # 创建一个加载对象
suite.addTest(loader.loadTestsFromTestCase(类名))
```

4．执行测试用例（TextRunner）

大部分情况下，调用 unittest.main() 即可执行测试用例，并且它会为你集合所有模块的测试用例并执行。如果你需要自定义测试套件，可以通过 TextTestRunner 类提供的 run() 方法组织你的测试：

```
runner = unittest.TextTestRunner(verbosity=2)
runner.run(suite)
```

最后还有一点需要说明，前面例子中类似 assertTrue(True, is_leap_year(2000)) 的语句称为断言，用于验证预期结果和实际结果，表 4-3 列出了常用的断言。

表 4-3　常用断言

断言语法	解　释
assertEqual(a,b)	断言 a 和 b 是否相等，相等则测试用例通过
assertNotEqual(a,b)	断言 a 和 b 是否相等，不相等则测试用例通过
assertTrue(x)	断言 x 是否 True，是 True 则测试用例通过

学习笔记

续表

断言语法	解　　释
assertFalse(x)	断言 x 是否 False，是 False 则测试用例通过
assertIs(a,b)	断言 a 是否是 b，是则测试用例通过
assertNotIs(a,b)	断言 a 是否是 b，不是则测试用例通过
assertIsNone(x)	断言 x 是否 None，是 None 则测试用例通过
assertIsNotNone(x)	断言 x 是否 None，不是 None 则测试用例通过
assertIn(a,b)	断言 a 是否在 b 中，在 b 中则测试用例通过
assertNotIn(a,b)	断言 a 是否在 b 中，不在 b 中则测试用例通过
assertIsInstance(a,b)	断言 a 是 b 的一个实例，是则测试用例通过
assertNotIsInstance(a,b)	断言 a 是 b 的一个实例，不是则测试用例通过

我们介绍了 unittest 中最常用的、足够满足许多日常测试需求的特性。关于该框架的完整特性可以参考 Python 参考手册中的相关内容。

4.1.6　项目总结

本项目分五个阶段，演示了迭代增量的开发方法，读者可以体会在开发的各个阶段间的迭代关系，而每个阶段的中间也利用迭代方式开发，开发就是“猜想计划”“尝试，实现”“测试，反思”“修正，提高”的过程，这就是开发领域的“PDCA”循环，迭代是个由简到繁“生长”的过程。

在软件开发领域出现过许多开发方法，例如传统的瀑布模型，现代的敏捷开发、极限编程等，迭代增量是其中一种易于掌握的开发方法，其关键优势有：

①每次迭代完成后，都要交付一个可运行的项目，容易评估项目完成水平。

②各次迭代目标的焦点（阶段性的中心）明显、易理解、易达到。

③降低开发风险、可以持续部署和测试、代码复用率高。

4.2　知识点总结

万年历项目综合了目前为止我们学习过的知识，包括选择与循环结构、函数等，除此之外还介绍了版本控制和单元测试。开发的过程利用了迭代增量的方法。迭代增量的方法是一种软件开发和项目管理中常用的策略，它强调将项目分解为一系列小的、容易验证的部分，这种方法允许项目开发者在早期就发现问题和收集用户的进一步需求，并及时进行调整，降低项目的整体风险，确保项目符合用户的期望和需求。

版本控制能够保障项目的数据安全和质量。它可以记录每次变更的详细信息，包括时间、变更人和具体内容。这使得开发者可以轻松地追踪文件的变更历史，从而更好地管理项目。

单元测试作用是确保每个代码模块按照预期工作，从而提高整体代码质量。通过测试，开发者可以发现并修复潜在的错误和缺陷，确保代码的准确性和可靠性。

学习笔记

综上所述，软件开发中“写代码”并不是唯一的工作，采用何种开发流程或组织方式、开发团队的组织形式、代码的版本控制、测试方法都是项目成功的关键因素。

4.3 实践训练：完成“万年历”

实践目标：

完成万年历项目并尝试进行单元测试，思考项目存在的问题并进行改进。

实践要求：

①完成万年历项目，能够正确输出任意一个月的月历。

②至少对一个函数或程序进行单元测试。

③找出目前项目中存在的至少两个问题并进行改进。

④使用 Git 对本项目进行版本管理（选做）。

参考提示：

1990 年 1 月 1 日为周一，可以以此作为计算基点，另外利用函数将功能进行“包装”可以简化编程的复杂度。

习　题

编程题

1. 编写一个函数 which_day(year, month, date)，计算指定的年月日是这一年的第几天。

2. 编写一个函数 cal_days(day1, day2)，计算两个日期（yyyymmdd 格式）之间有多少天。

3. 完善万年历程序，至少增加：

（1）若输入的年份不合规范则，则让用户重新输入。

（2）输入年份，打印该年份的全年月历。

4. 编写一个程序，完成如下功能：用户输入一个“yyyy-mm-dd” 格式的日期，计算该日期距离你的出生日期有多少天。要求输入日期在你的出生日期之前，输出“距离我才出生还有 ×× 天”。

项目5 开发一个背单词程序

学习笔记

背单词程序的功能是根据用户选择的单词文件和单词范围，逐一背诵单词。拼错的单词会要求再次拼写，如果再次拼错，程序会把再次拼错的单词记录在文本文件中。

背单词程序除需要Python的变量、表达式、顺序、选择、循环结构以及函数等编程知识外，还需元组、列表、字符串、字典等编程知识。接下来逐一学习列表、元组、字符串、字典的应用。

素养要点：团队精神

团队精神是大局意识、协作精神和服务精神的集中体现，核心是协同合作。现在的软件开发一般都是以团队的形式进行系统的设计和开发，因此，团队精神也变得越来越重要。

具备团队精神，就是团队人员在目标上达成一致，把团队的利益放在首位；学会交流分享，分享知识，分享经验，共同进步；精诚协作，对于团队的事情，有责任尽自己所能去做，在做自己的工作的时候，要为别人着想，考虑如何做才能够让别人也顺利开展工作。

5.1 项目实践与解析

我们首先了解列表、元组、字典、字符串等。

5.1.1 列表

视频

列表

列表是一个比传统数组更好用的数据线性集合，它可以在随机位置任意添加不同类型的数据。列表是Python中内置有序、可变序列，列表的所有元素放在一对中括号“[]”中，并使用逗号分隔开。

当列表元素增加或删除时，列表对象自动进行扩展或收缩内存，保证元素之间没有缝隙，在Python中，一个列表中的数据类型可以各不相同，可以同时分别为整数、实数、字符串等基本类型，甚至是列表、元组、字典、集合以及其他自定义类型的对象，如list1由字符串、浮点数、整数、列表构成，list1=['spam',2.0,5,[10, 20]]。下面以获取中英文程序体验列表的简单应用。

```
# 输出列表中的单词及其中文意思
words=['color-颜色','blue-蓝色（的）','green-绿色（的）','red-红色（的）','yellow-黄-色（的）']
for word in words:
    k = word.split('-') #分割
    if len(k)>=3:
        continue
    print(f'{k[0]}:{k[1]}') #f-string格式化
```

运行结果：

```
color:颜色
blue:蓝色（的）
green:绿色（的）
red:红色（的）
Process finished with exit code 0
```

列表常用方法见表 5-1。

表 5-1　常用列表方法

方　法	说　明
append(x)	将元素 x 添加至列表尾部
insert(index, x)	在列表指定位置 index 处添加元素 x，该位置后面的所有元素后移一个位置
extend(L)	将列表 L 中所有元素添加至列表尾部
remove(x)	在列表中删除首次出现的指定元素，该元素之后的所有元素前移一个位置
pop([index])	删除并返回列表中下标为 index（默认为 –1）的元素
clear()	删除列表中所有元素，但保留列表对象
index(x)	返回列表中第一个值为 x 的元素的下标，若不存在值为 x 的元素则抛出异常
count(x)	返回指定元素 x 在列表中的出现次数
reverse()	对列表所有元素进行逆序
sort(key=None, reverse=False)	对列表中的元素进行排序，key 用来指定排序依据，reverse 决定升序（False）还是降序（True）
copy()	返回列表的浅复制

列表简单应用举例：

1. 列表的创建

使用“=”直接将一个列表赋值给变量即可创建列表对象。

```
list1 = ['a', 'b', 'm', 'z', 'e']
list1 = []     #创建空列表
```

也可以使用 list() 函数将元组、range 对象、字符串或其他类型的可迭代对象类型的数据转换为列表。

```
list1=list((3,5,7,9,11))
print(list1) #[3, 5, 7, 9, 11]
```

学习笔记

2. 列表元素的增加

可以使用“+”运算符将元素添加到列表中。

```
list1= [3,4,5]
list1=list+[7] #list1 的值 [3, 4, 5, 7]
```

使用列表对象的 append() 方法在当前列表尾部追加元素，原地修改列表，是真正意义上的在列表尾部添加元素，速度较快。

```
list1= [3,4,5]
list1.append(9)   #list1 的值是 [3,4,5,9]
```

使用列表对象的 extend() 方法可以将另一个迭代对象的所有元素添加至该列表对象尾部。

```
list1 = ['a', 'b', 'm', 'z', 'e']
list1.extend([7,8,9])
print(list1) #['a', 'b', 'm', 'z', 'e', 7, 8, 9]
```

使用列表对象的 insert() 方法将元素添加至列表的指定位置。

```
list1 = ['a', 'b', 'm', 'z', 'e']
list1.insert(3, 6) # 在下标为 3 的位置插入元素 6，注意：列表的下表从 0 开始
print(list1) #['a', 'b', 'm', 6, 'z', 'e']
```

使用乘法来扩展列表对象，将列表与整数相乘，生成一个新列表，新列表是原列表中元素的重复。

```
list1 = ['a', 'b', 'm']
list2=list1*3
print(list2)#['a', 'b', 'm', 'a', 'b', 'm', 'a', 'b', 'm']
```

3. 列表元素的删除

使用 del 命令删除列表中的指定位置上的元素。

```
list1 = [3,5,7,9,11]
del list1[1] #list1 的值 [3, 7, 9, 11]
```

使用列表的 pop() 方法删除并返回指定位置（默认为最后一个）上的元素，如果给定的索引超出了列表的范围则抛出异常。

```
list1 = [3,5,7,9,11]
print(list1.pop()) #11
```

使用列表对象的 remove() 方法删除首次出现的指定元素，如果列表中不存在要删除的元素，则抛出异常。

```
list1 = [3,5,7,9,11]
list1.remove(7)
print(list1) #[3, 5, 9, 11]
```

学习笔记

4. 列表元素的访问与计算

使用下标直接访问列表元素，如果指定下标不存在，则抛出异常。

使用列表对象的 index() 方法获取指定元素首次出现的下标，若列表对象中不存在指定元素，则抛出异常。

```
list1= ['a', 'b', 'c', 'd']
print(list1[2]) #c
print(list1.index('b'))  #'b' 元素的下标是 1
```

5. 列表元素的判断

使用 in 关键字来判断一个值是否存在于列表中，返回结果为“True”或“False”。

```
list1= ['a', 'b', 'c', 'd']
print('a' in list1)  #True
list1= [3, 5, 7, 9, 11]
list2= ['a', 'b', 'c', 'd']
a=(3, 'a') in zip(list1, list2) #True
```

6. 切片操作

切片适用于列表、元组、字符串、range 对象等类型，但作用于列表时功能最强大。可以使用切片来截取列表中的任何部分，得到一个新列表，也可以通过切片来修改和删除列表中部分元素，甚至可以通过切片操作为列表对象增加元素。

切片使用 2 个冒号分隔 3 个数字来完成：

第一个数字表示切片开始位置（默认为 0）。

第二个数字表示切片截止（但不包含）位置（默认为列表长度）。

第三个数字表示切片的步长（默认为 1），当步长省略时可以顺便省略最后一个冒号。

切片操作不会因为下标越界而抛出异常，而是简单地在列表尾部截断或者返回一个空列表，代码具有更强的健壮性。

```
list1= ['a', 'b', 'c', 'd']
print(list1[::])          # 返回包含所有元素 ['a', 'b', 'c', 'd']
print(list1[::-1])        # 逆序的所有元素 ['d', 'c', 'b', 'a']
print(list1[::2])         # 偶数位置，隔一个取一个 ['a', 'c']
print(list1[1::2])        # 奇数位置，隔一个取一个 ['b', 'd']
print(list1[3::])         # 从下标 3 开始的所有元素 ['d']
print(list1[1:3])         # 下标在 [1, 3) 之间的所有元素 ['b', 'c']
print(list1[0:100:1])# 前 100 个元素，自动截断，结果为 ['a', 'b', 'c', 'd']
```

7. 列表排序

使用列表对象的 sort() 方法进行原地排序，支持多种不同的排序方法。

```
list1= [3, 4, 5, 1, 2, 9, 17, 13, 15]
list1.sort() #默认是升序排序，list1 的值是 [1, 2, 3, 4, 5, 9, 13, 15, 17]
list1= [4, 5, 1, 2, 9, 17, 13, 15]
list1.sort(reverse = True)  # 降序排序 list1 的值是 [17,15,13,9,5,4,2,1]
```

学习笔记

使用内置函数 sorted() 对列表进行排序并返回新列表。

```
list1=[4, 5, 1, 2, 9, 17, 13, 15]
list2=sorted(list1)#list1 的值不变，list2 的值升序排序为 [1,2,4,5,9,13,15,17]
list1= [5, 1, 2, 9, 17, 13, 15]
list2=sorted(list1,reverse=True)#list1 的值不变，list2 的值降序排序为 [17,15,13,9,5,2,1]
```

使用列表对象的 reverse() 方法将元素原地逆序。

```
list1=[3, 4, 5, 1, 2, 9, 17, 13, 15]
list1.reverse() # list1 的值方向为 [15, 13, 17, 9, 2, 1, 5, 4, 3]
```

使用内置函数 reversed() 对列表元素进行逆序排列并返回迭代对象。

```
list1= [3, 4, 5, 6, 7, 9]
list2=list(reversed(list1))   # 返回 reversed 对象，再把 reversed 对象转换成列表，list2 的值为 [9, 7, 6, 5, 4, 3]
```

8. 列表常用内置函数

len(列表)：返回列表中的元素个数，同样适用于元组、字典、集合、字符串等。

max(列表)、min(列表)：返回列表中的最大或最小元素，同样适用于元组、字典、集合、range 对象等。

sum(列表)：对列表的元素进行求和运算，对非数值型列表运算需要指定 start 参数，同样适用于元组、range。

```
list1= [4,5,6,2,3]
print(len(list1)) #5
print(max(list1)) #6
print(sum(list1)) #20
```

zip() 函数返回可迭代的 zip 对象。

```
list1= [1, 2, 3]
list2= [4, 5, 6]
list3= zip(list1, list2) # 返回 zip 对象
print(list(list3))# 把 zip 对象转换成列表，[(1,4),(2, 5),(3,6)]
```

enumerate(列表)：枚举列表元素，返回枚举对象，其中每个元素为包含下标和值的元组。该函数对元组、字符串同样有效。

```
for item in enumerate('北京欢迎您'):
    print(item)
输出结果：
(0, '北')
(1, '京')
(2, '欢')
(3, '迎')
(4, '您')
```

学习笔记

9. 列表推导式

列表推导式是对整个列表做相同的操作，并且返回一个新列表。

```
list1=[2*x for x in range(10)] # [0, 2, 4, 6, 8, 10, 12, 14, 16, 18]
```

等价于：

```
list1=[]
for x in range(10):
    list1.append(2*x)
```

列表推导式就是一个内部循环结构，使用 for 语句，后面还可以 if 语句做判断。

```
list1=[x for x in range(10) if x%2==0] #0,2,4,6,8
```

5.1.2 元组

视频

元组字符串

Python 的元组与列表类似，不同之处在于元组的元素不能修改。元组使用小括号，列表使用方括号。元组创建很简单，只需要在括号中添加元素，并使用逗号隔开即可，利用元组定义和查找数学常量的符号和数值体验元组的应用。

```
# 查找数学常量的符号和数值
# 定义 3 个元组
constant_name_chinese=('圆周率','指数常数','黄金比例','黄金角','欧拉常数')
constant_name_english=('π','e','Φ','≌','γ')
constant_value=(3.14,2.718,0.618,137.5,0.577)
temp=input('请输入要查找的常量名：')
i = constant_name_chinese.index(temp)           # 定位元组的位置
print(f'符号：{constant_name_english[i]}')       # 查找指定位置的元素
print(f'值：{constant_value[i]}')
```

元组应用举例：

1. 创建与访问元组

创建元组使用小括号，只需要在括号中添加元素，并使用逗号隔开即可，访问元组可以使用下标索引来访问元组中的值。如：

```
tuple1= tup2 = (1, 2, 3, 4, 5 )
print(tuple1[2])                  # 输出 3
print(tuple1[2:4])                # 输出 3、4、5
print(tuple1[-2])                 # 输出倒数第 2 个元素：4
print(tuple1[2:])                 # 截取 (3, 4, 5)
```

2. 元组运算符

元组之间可以使用 + 号和 * 号进行运算，实现组合和复制，运算后会生成一个新的元组，如：

```
temp=(1, 2, 3) + (4, 5, 6)        # 结果为 (1, 2, 3, 4, 5, 6)
temp=('Hi!',) * 4                 # 结果为 ('Hi!', 'Hi!', 'Hi!', 'Hi!')
temp=3 in (1, 2, 3)               # 结果为 True
```

学习笔记

```
for x in (1, 2, 3):                  # 结果为换行输出 1、2、3
    print(x)
```

3. 元组内置函数

比较两个元组元素：cmp(tuple1, tuple2)。

计算元组元素个数：len(tuple)。

返回元组中元素最大值：max(tuple)。

返回元组中元素最小值：min(tuple)。

将列表转换为元组：tuple(seq)。

具体用法可以参照列表。

5.1.3 字符串

字符串序列用于表示和存储文本，是一个有序的字符的集合，用于存储和表示基本的文本信息。下面以输出字符串中的单词和每一个字母为例体验字符串的简单应用。

```
# 输出字符串中的每一个单词和每一个字符
sentence='my school is beautiful I love my school'
words=sentence.split()    # 字符串按空格分隔，返回列表
print(words)              # 输出每一个单词
for i in sentence:
    print(i)
```

字符串操作方法详解如下：

1. 创建字符串

使用单引号、双引号、三引号来创建字符串。其中三引号可以由多行组成，编写多行文本的快捷语法，常用于文档字符串，匿名的三引号字符串可被当作多行注释使用。

```
var1 = 'Hello World!'
var2 = "Python Runoob"
str='''
    first line
    second line
    '''
```

2. 访问字符串中的值

索引值以 0 为开始值，–1 为从末尾的开始位置，如图 5-1 所示。

从前面索引	0	1	2	3	4	5	6	7	8	
从后面索引	-9	-8	-7	-6	-5	-4	-3	-2	-1	
	b	e	a	e	u	t	i	f	u	
从前面截取 :	0	1	2	3	4	5	6	7	8	:
从后面截取 :	-9	-8	-7	-6	-5	-4	-3	-2	-1	:

图 5-1　字符串索引值示意图

```
str='beautifu'
print(str[1])                    #e
```

```
print(str[-2])                    #f
print(str[1:])                    #eautifu
print(str[:-2])                   #beauti
print(str[1:4])                   #eau
print(str[-4:-2])                 #ti
```

学习笔记

3. 字符串运算符

表 5-2 列出了字符串运算符，实例变量 a 值为字符串“Hello”，b 变量值为“Python”。

表 5-2　字符串运算符

操作	描　述	实　例
+	字符串连接	print(a+b) #HelloPython
*	重复输出字符串	print(b*2) #PythonPython
[]	通过索引获取字符串中字符	print(b[1]) #y
[:]	截取字符串中的一部分	print(b[1:4] #ytho
in	成员运算符，如果字符串中包含给定的字符返回 True	print("l" in a True) #True
not in	成员运算符，如果字符串中不包含给定的字符返回 True	print("M" not in a True) #True

4. 字符串常用方法

chr() 用一个范围在 range(256) 内的(即 0～255) 整数作参数，返回一个对应的字符。

ord() 函数：是 chr() 函数(对于 8 位的 ASCII 字符串) 的配对函数，它以一个字符(长度为 1 的字符串) 作为参数，返回对应的 ASCII 数值。

oct() 函数：将一个整数转换成八进制字符串。

hex() 函数：用于将十进制整数转换成十六进制，以字符串形式表示。

len() 方法：返回对象（字符、列表、元组等）长度或项目个数。

str()：返回一个对象的 string 格式。

string.capitalize()：把字符串的第一个字符大写。

string.center(width)：返回一个 string 字符串居中，并使用空格填充至长度 width 的新字符串。

string.count(str, beg=0, end=len(string))：返回 str 在 string 里面出现的次数，如果 beg 或者 end 指定则返回指定范围内 str 出现的次数。

string.decode(encoding='UTF-8', errors='strict')：以 encoding 指定的编码格式解码 string，如果出错默认报一个 ValueError 的异常，除非 errors 指定的是 'ignore' 或者 'replace'。

string.encode(encoding='UTF-8', errors='strict')：以 encoding 指定的编码格式编码 string，如果出错默认报一个 ValueError 的异常，除非 errors 指定的是 'ignore' 或者 'replace'。

string.endswith(obj, beg=0, end=len(string))：检查字符串是否以 obj 结束，如果 beg 或者 end 指定则检查指定的范围内是否以 obj 结束，如果是，返回 True，否则返回 False。

string.expandtabs(tabsize=8)：把字符串 string 中的 tab 符号转为空格，tab 符号默认的空格数是 8。

学习笔记

string.find(str, beg=0, end=len(string))：检测 str 是否包含在 string 中，如果 beg 和 end 指定范围，则检查是否包含在指定范围内，如果是返回开始的索引值，否则返回 -1。

string.index(str, beg=0, end=len(string))：跟 find() 方法一样，只不过如果 str 不在 string 中会报一个异常。

string.isalnum()：如果 string 至少有一个字符并且所有字符都是字母或数字则返回 True, 否则返回 False。

string.isalpha()：如果 string 至少有一个字符并且所有字符都是字母则返回 True, 否则返回 False。

string.isdecimal()：如果 string 只包含十进制数字，则返回 True，否则返回 False。

string.isdigit()：如果 string 只包含数字，则返回 True，否则返回 False。

string.islower()：如果 string 中包含至少一个区分大小写的字符，并且所有这些 (区分大小写的) 字符都是小写，则返回 True，否则返回 False。

string.isnumeric()：如果 string 中只包含数字字符，则返回 True，否则返回 False。

string.isspace()：如果 string 中只包含空格，则返回 True，否则返回 False。

string.istitle()：如果 string 是标题化的 (见 title()) 则返回 True，否则返回 False。

string.isupper()：如果 string 中包含至少一个区分大小写的字符，并且所有这些 (区分大小写的) 字符都是大写，则返回 True，否则返回 False。

string.join(seq)：以 string 作为分隔符，将 seq 中所有的元素 (的字符串表示) 合并为一个新的字符串。

string.ljust(width)：返回一个原字符串左对齐，并使用空格填充至长度 width 的新字符串。

string.lower()：转换 string 中所有大写字符为小写。

string.upper()：转换 string 中所有小写字符为大写。

string.lstrip()：截掉 string 左边的空格。

string.maketrans(intab, outtab])：maketrans() 方法用于创建字符映射的转换表，对于接受两个参数的最简单的调用方式，第一个参数是字符串，表示需要转换的字符，第二个参数也是字符串表示转换的目标。

max(str)：返回字符串 str 中最大的字母。

min(str)：返回字符串 str 中最小的字母。

string.partition(str)：有点像 find() 和 split() 的结合体 , 从 str 出现的第一个位置起，把字符串 string 分成一个三元素的元组 (string_pre_str, str, string_post_str)，如果 string 中不包含 str 则 string_pre_str==string。

string.replace(str1, str2, num=string.count(str1))：把 string 中的 str1 替换成 str2，如果 num 指定，则替换不超过 num 次。

string.rfind(str, beg=0, end=len(string))：类似于 find() 函数，不过是从右边开始查找。

string.rindex(str, beg=0, end=len(string))：类似于 index()，不过是从右边开始。

string.rjust(width)：返回一个原字符串右对齐，并使用空格填充至长度 width 的新字符串。

学习笔记

string.rpartition(str)：类似于 partition() 函数，不过是从右边开始查找。

string.rstrip()：删除 string 字符串末尾的空格。

string.split(str="", num=string.count(str))：以 str 为分隔符切片 string，如果 num 有指定值，则仅分隔 num 个子字符串。

string.splitlines(num=string.count('\n'))：按照行分隔，返回一个包含各行作为元素的列表，如果 num 指定则仅切片 num 个行。

string.startswith(obj, beg=0, end=len(string))：检查字符串是否是以 obj 开头，是则返回 True，否则返回 False。如果 beg 和 end 指定值，则在指定范围内检查。

string.strip([obj])：在 string 上执行 lstrip() 和 rstrip()。

string.swapcase()：翻转 string 中的大小写。

string.title()：返回"标题化"的 string，就是说所有单词都是以大写开始，其余字母均为小写（见 istitle())。

string.translate(str, del="")：根据 str 给出的表（包含 256 个字符）转换 string 的字符，要过滤掉的字符放到 del 参数中 string.upper() 转换 string 中的小写字母为大写。

string.zfill(width)：返回长度为 width 的字符串，原字符串 string 右对齐，前面填充 0。

string.isdecimal()：检查字符串是否只包含十进制字符。这种方法只存在于 unicode 对象。

5. 格式化输出

Python 支持数据的格式化，优势是可以方便地将数据格式化成相应的字符串。Python 3.6 引入了一种新的字符串格式化方式：f-string 格式化字符串。从 %s 格式化到 format 格式化再到 f-string 格式化，格式化的方式越来越直观。f-string 的常见使用方式如下：

① f-string 基本使用：{ } 表示被替换字段、表达式或调用函数。

② f-string 填充：当指定了字符串最终的长度的时候，如果现有的字符串没有那么长，就用空格字符填充。f-string 格式化应用如下：

```
#-string 格式化输出
course='PYTHON'
score=89
print(f'课程：{course.lower()}，成绩：{score}') # 用大括号 { } 表示被替换字段、表达式或调用函数，输出结果为：课程 python，成绩 89
print(f"{course:_>20}")# 输出长度为 20，左边用空格补齐。__________PYTHON
print(f"{course:_<20}") # 输出结果为：PYTHON______________
```

5.1.4　字典

视频

字典

字典是另一种可变容器模型，且可存储任意类型对象。字典的每个键值 key=>value 对用冒号（:）分隔，每个对之间用逗号（,）分隔，整个字典包括在花括号 {} 中，键必须是唯一的，但值则不必。值可以取任何数据类型，但键必须是不可变的，如字符串、数字。下面以统计字符串中的单词数为例体验字典的简单应用。

学习笔记

```
# 统计字符串中的词频
sentence='''
    my school is beautiful I love my school
    the Growth Enterprise Market of the Hong Kong
    '''
words=sentence.split()
corpus={}
for word in words:
    if word in corpus.keys():
        corpus[word]+=1
    else:
        corpus[word] = 1
print(corpus)
```

字典操作方法详解如下：

1. 创建字典

```
dict1 = {'key1': 'value1', 'key2':'value2', 'key3': 'value3'}
```

2. 访问字典中的值

```
dict1 = {'姓名': 'AA', '专业': '大数据技术', '班级': '大数据1班'}
print(dict1['班级'])    # 大数据1班
```

3. 修改字典

向字典添加新内容的方法是增加新的键 / 值对，或修改已有键 / 值。

```
dict1 = {'姓名': 'AA', '专业': '大数据技术', '班级': '大数据1班'}
dict1['班级']='大数据2班'
print(dict1['班级'])    # 大数据2班
```

4. 删除字典元素

能删单一的元素也能清空字典，清空只需一项操作。

```
del dict['班级']          # 删除键 '班级'
dict.clear()              # 清空字典
```

5. 字典推导式

对于字典，它和列表、元组一样，也可以使用字典推导式来快速生成一个字典，它的表现形式和列表推导式类似，只不过将列表推导式中的中括号 [] 改为大括号 {}。

```
{键表达式: 值表达式 for 循环}
```

字典推导式的应用如下：

```
course=['语文','数学','英语','科学']
score=[85,76,91,56]
dict1={i:j for i,j in zip(course,score)}
print(dict1)            #{'语文': 85, '数学': 76, '英语': 91, '科学': 56}
dict2={v:k for v,k in dict1.items() if k>80}
```

```
print(dict2)                #{'语文': 85, '英语': 91}
```

学习笔记

6. 字典的内置函数

len(dict)：计算字典元素个数，即键的总数。

str(dict)：输出字典，可以打印的字符串表示。

type(variable)：返回输入的变量类型，如果变量是字典就返回字典类型。

7. 字典常用方法

clear()：删除字典内所有元素。

copy()：返回一个字典的浅复制。

fromkeys()：创建一个新字典，以序列 seq 中元素做字典的键，val 为字典所有键对应的初始值。

get(key, default=None)：返回指定键的值，如果键不在字典中返回 default 设置的默认值。

key in dict：如果键在字典 dict 里返回 true，否则返回 false。

items()：以列表返回一个视图对象。

keys()：返回一个视图对象。

setdefault(key, default=None)：和 get() 类似 , 但如果键不存在于字典中，将会添加键并将值设为 default。

update(dict2)：把字典 dict2 的键 / 值对更新到 dict 里。

values()：返回一个视图对象。

pop(key[,default])：删除字典给定键 key 所对应的值，返回值为被删除的值。key 值必须给出。否则，返回 default 值。

popitem()：随机返回并删除字典中的最后一对键和值。

has_key(key)：如果键在字典 dict 里返回 true，否则返回 false。

此外，字典值可以是任何的 Python 对象，既可以是标准的对象，也可以是用户定义的，但键不行。两个重要的点需要记住：不允许同一个键出现两次；创建时如果同一个键被赋值两次，后一个值会被记住。

```
dict = {'Name': '华为', 'Age': 7, 'Name': '阿里'}
print(dict['Name']) # 阿里
```

键必须不可变，所以可以用数字、字符串或元组充当，而用列表不行。

5.1.5　集合

集合（set）是一个无序的不重复元素序列，可以使用大括号 {} 或者 set() 函数创建集合，注意：创建一个空集合必须用 set() 而不是 {}，因为 {} 是用来创建一个空字典。下面是集合的一些操作。

集合操作方法详解如下：

add(x)：元素 x 添加到集合中，如果元素已存在，则不进行任何操作。

remove(x)：将元素 x 从集合中移除，如果元素不存在，则会发生错误。

学习笔记

len()：计算集合元素个数。

clear()：清空集合。

pop()：随机移除元素

symmetric_difference()：返回两个集合中不重复的元素集合。

union()：返回两个集合的并集。

difference()：返回多个集合的差集。

集合应用举例：

```
# urls 列表中存储的网址有重复
# 编写代码去除重复的网址

urls = ["www.baidu.com",
        "www.163.com",
        "www.qq.com",
        "www.sougou.com",
        "www.qq.com",
        "www.python.org"
]

urls_new = list(set(urls))
print(urls_new)
```

5.1.6　一个简单的背单词程序

背单词程序的功能：运行背单词程序后，列出目录中的所有英语单词字典，如初中单词字典、高中单词字典、大学四六级单词字典，用户选择要学习和测试的英语字典，在确定单词的起始和结束索引，程序提示“开始拼写、如果拼错会要求重写”，然后程序逐个提示中文单词，用户输入英语单词，拼错的单词会要求再次拼写，如果再次拼错，程序会把再次拼错的单词记录在“易错单词本”中，直到学习所有单词。综合应用字典、列表、字符串技术开发简单的背单词程序，程序代码如下：

```
# 本程序用 while 和 for 遍历了集合，思路简单直白，读者可加以改进使得功能更加完善
import os
import random
def read_in_words(fn):   # 定义读文件方法
    fr=open(fn,'r',encoding='utf-8')
    filestrs=fr.readlines()
    fr.close()
    return filestrs
# file='pri_word.txt'
path=os.listdir("./")     # 获取当前目录中所有文件，返回值为列表
# print(path)             # 输出当前目录中所有文件
i=0
# 列出当前目录的所有字典
for dict_name in path:
    if  dict_name.endswith('字典.txt'):
        print(f'--{i}-->:{dict_name}')
```

学习笔记

```
    i+=1
# 让用户选出要学习和测试的单词文件
i=int(input(f'你想背什么字典? 请输入序号(序号小于{len(path)}): '))
if i <=len(path):
    file=path[i]
k=[]
r=[]
word_all=read_in_words(file)
print(f'一共有{len(word_all)}个单词')
#用户选择文件后,设定测试单词的起始索引和结束索引
in_start=int(input('请输入起始索引:'))
in_end=int(input('请输入结束索引:'))
while in_start<=0 or in_end<in_start or in_end>len(word_all):
    in_start=int(input('输入的索引越界,请重新输入起始索引: '))
    in_end=int(input('请重新输入结束索引: '))
print('-----------开始拼写 如果拼错 会要求重写-----------')
in_word=''
ostr=''
err_words=[]
i=in_start-1
#利用while和边界访问列表,测试单词,拼写错误就提示重拼,并将错词加入err_words列表
while i<in_end:
    r=word_all[i]
    k=r.split('-')
    if len(k)<3:
        continue
    ostr=f'第{i+1}个: {k[-1]}'
    print(ostr)
    i+=1
    in_word=str(input('输入拼写:'))
    ostr='---------------'
    while in_word.strip()!=k[-2].strip():
        print(f'正确拼写是{k[-2]}')
        print(ostr+'拼写错啦!')
        in_word=input("请重新拼写单词:")
        #把拼写错误的单词加入错词的列表
        err_words.append([k[-2].strip(),k[-1]])
    print(ostr+"拼写正确啦! ")
#构造一个存放最终拼写错误单词的字典
err_dict={}
strkey=""
#以下拼写 erws 中的单词
print("————————错词重拼加深印象———")
#利用while访问err_words,访问中再次拼写错误的单词,存入字典errdict,字典的key是单词信息,value是拼错的次数
while len(err_words)>0:
    sz=len(err_words)
    rinx=random.randint(0, sz-1)
```

学习笔记

```
    k=err_words[rinx]
    ostr='加深印象:'
    ostr=ostr+f'{k[-1]}'
    print(ostr)
    in_word=input("拼写单词:")
    ostr="------------------"
    err_words.pop(rinx)
    while in_word.strip()!=k[0].strip():
        print(f'正确拼写是{k[-2]}')
        print(ostr+'拼写错啦! ')
        in_word=input("再拼一次:")
        strkey='#-'+k[0].strip()+'-'+k[-1]
        err_dict[strkey]=1
    print(ostr+'拼写对啦! ')
#用 for 遍历 err_dict，保存 err_dict 的 key 到文本文件
fn='eeror_word_'+str(in_start)+str(in_end)+'.txt'
fw=open(fn,'w',encoding='utf-8')
for dr in err_dict.keys():
    print(dr)
    fw.writelines(dr)
fw.close()
print('————————结束啦————')
```

背单词程序运行结果如图 5-2 所示。

```
D:\pythonstudy\venv\Scripts\python.exe
--2-->:初中英语单词字典.txt
--3-->:大学四六级英语单词字典.txt
--4-->:高中英语单词字典.txt
你想背什么字典？请输入序号（序号小于5）: 4
一共有585个单词
请输入起始索引:2
请输入结束索引:3
-----------开始拼写 如果拼错 会要求重写-----------
第2个: 蓝色（的）

输入拼写:blue
---------------拼写正确啦!
第3个: 绿色（的）

输入拼写:green
---------------拼写正确啦!
——————错词重拼加深印象——
——————结束啦——

Process finished with exit code 0
```

图 5-2　运行结果

学习笔记

5.2 知识点总结

本项目介绍了元组、列表、字符串、字典四种集合型的数据类型，可以将它们的特点总结成表 5-3。

表 5-3　四种集合数据的特点比较

类型	子集类型	动态增减	元素修改	顺序	查找子集效率
列表	任意	可	可	有序	低
元组	任意	否	否	有序	低
字典	任意	可	可	无序	高
字符串	字符	可	可	有序	低

列表、元组、字符串三种有序集合可以做“切片”处理，切片就是从集合中找出需要的子集，例如在字符串中取出子串等。鉴于篇幅所限本项目也没有详尽列出所有切片计算方法，这些方法不需要死记硬背，而且随着应用的增多，也会出现新的切片计算方法，读者们需要不断熟悉并多注意网络中的更新信息。

字典属于无序集合，不能做切片处理。

由于字符串在处理数据方面有非常大的便利性，所以开发者可以利用文本文件将信息以字符串的形式加以保存和调取就是自然的选择了。

5.3 实践训练：增加用户功能

实践目标：

在 5.1.6 节程序的基础上增加用户功能。

实践要求：

①添加用户密码登录功能，系统支持多用户登录。

②用户可以创建维护自己的多个“单词本”，这些单词本可以与其他用户共享。

参考提示：

可以设置一个字典用以处理用户和密码，利用文件读写。

习　题

一、选择题

1. 想要程序正常运行，并且输出 hi there，应该选（　　）。

```
first = "hi"
```

学习笔记

```
second = (    )
total = first + second
print(total)
```

A. there　B. " there"　C. str(there)　D. 'there'

2. 下面（　　）语句创建一个元组。

A. value = (1)　B. value = (1,)　C. value = [1, 2]　D. value = {1, 2}

3. 下面（　　）是列表中第一个元素的索引。

A. −1　B. 1　C. 0　D. 列表长度减一

4. 如果尝试使用一个超出列表范围的索引会发生（　　）。

A. ValueError 异常　B. IndexError 异常

C. 列表被清除　D. 什么都不会发生

5. 下面（　　）函数返回列表的长度。

A. len　B. size　C. length　D. lengthof

6. 下面（　　）列表方法将一个元素添加到已有列表的最后。

A. insert　B. append　C. add　D. increase

7. 下面（　　）将列表中指定索引位置的元素移除。

A. del 语句　B. remove 方法　C. delete 方法　D. del 方法

8. 如果调用 index 方法来定位列表中的一个元素并且该元素没找到，会（　　）。

A. 引发 ValueError 异常　B. 引发 InvalidIndex 异常

C. 返回 −1　D. 什么都不发生

9. 返回列表中元素最大值的内置函数是（　　）。

A. max()　B. min()　C. greatest()　D. highest()

10. 返回一个包含文件内容的列表的文件对象方法是（　　）。

A. to_list　B. getlist　C. readline　D. readlines

11. 有一个列表 num = [2,4,6,8,10]，print(num[1:3]) 将显示（　　）。

A. [2,4,6]　B. [6,8,10]　C. [4,6,8]　D. [4,6]

12. 有一个列表 num = [2,4,6,8,10]，print(num[1:]) 将显示（　　）。

A. [2,4,6]　B. [2.4.6,8,10]　C. [4,6,8]　D. [4,6,8,10]

13. 有一个列表 num = [2,4,6,8,10]，print(num[−2:]) 将显示（　　）。

A. [2,4,6]　B. [2.4.6,8]　C. [8,10]　D. [4,6]

14. 字符串的第一索引是（　　）。

A. -1　B. 1　C. 0　D. 字符串长度减一

15. 下面（　　）字符串方法返回删除所有前导空白字符的字符串副本。

A. lstrip　B. rstrip　C. del　D. remove

16. 下面（　　）字符串方法返回字符串中找到指定字符串的最小索引位置。

A. locate　B. find　C. index_of　D. index

17. 下面（　　）操作符可以确定一个字符串是否包含在另一个字符串中。

A. in　B. is_in　C. ==　D. contains

学习笔记

18. 下面（　　）方法返回 True，如果字符串只包含字母并且长度至少为 1 个字符。
A. alpha　B. alphabetic　C. isalpha　D. isletters
19. 下面（　　）方法返回 True，如果字符串只包含数字并且长度至少为 1 个字符。
A. digit　B. isdigit　C. isnumber　D. numeric
20. 下面（　　）返回删除所有前导和尾部空白字符的字符串副本。
A. strip　B. clean　C. rstrip　D. remove_whitespace
21. 如果你尝试使用了超出字符串范围的索引，会发生（　　）。
A. 产生 ValueError 异常
B. 产生 IndexError 异常
C. 该字符串会被删除，程序继续运行
D. 什么也不发生，无效索引会被忽略
22. 下面（　　）函数会返回字符串的长度。
A. length　B. size　C. len　D. lenghof
23. 假设 'start':1472 是字典中的一个元素，那么（　　）是键。
A. 'start'　B. 1472
24. 可以使用（　　）操作符来确定字典中是否存在一个键。
A. &　B. ^　C. in　D. ?
25. 可以使用（　　）从字典中删除元素。
A. del 语句　B. remove 方法　C. erase 方法　D. delete 方法
26. （　　）函数返回字典中的元素个数。
A. size()　B. len()　C. count()　D. elements()
27. 可以使用（　　）创建一个空的字典。
A. {}　B. []　C. ()　D. empty()
28. 下面（　　）方法从字典返回字典中最后一个键值对。
A. pop()　B. random()　C. popitem()　D. rand_pop()
29. 下面（　　）方法返回与指定键相关联的值并从字典中删除该键值对。
A. random()　B. pop()　C. popitem()　D. rand_pop()
30. 下面（　　）方法返回与指定键相关联的值。如果找不到键，则返回默认值。
A. get()　B. pop()　C. key()　D. value()
31. 下面（　　）方法以元组序列的形式返回字典所有的键和相应的值。
A. keys_values()　B. values()　C. items()　D. get()
32. 下列函数返回集合中的元素的个数的是（　　）。
A. size()　B. len()　C. count()　D. elements()
33. 可以用（　　）方法将一个元素添加到集合中。
A. append　B. add　C. update　D. merge
34. 可以用（　　）方法将一组元素添加到集合中。
A. append　B. add　C. update　D. merge

学习笔记

35. （　　）集合方法删除一个元素，但是如果找不到该元素并不会触发异常。

A. remove　B. discard　C. delete　D. erase

36. （　　）集合方法删除一个元素，如果找不到该元素会触发异常。

A. remove　B. discard　C. delete　D. erase

37. （　　）操作符可以用来找到两个集合的并集。

A. |　B. &　C. –　D. ^

38. （　　）操作符可以用来找到两个集合的交集。

A. |　B. &　C. –　D. ^

39. （　　）操作符可以用来找到两个集合的差集。

A. |　B. &　C. –　D. ^

40. （　　）操作符可以用来找到两个集合的对称差集。

A. |　B. &　C. –　D. ^

41. 下面（　　）不是 Python 的数据类型。

A. 列表（List）　B. 字典（Dictionary）

C. 元组（Tuples）　D. 类（Class）

42. 代码 L = [1, 23, "runoob", 1] 输出的数据类型是（　　）。

A. List　B. Dictionary　C. Tuple　D. Array

43. 代码 a = [1,2,3,4,5]，以下输出结果正确的是（　　）。

A. print(a[:]) => [1,2,3,4]　B. print(a[0:]) => [2,3,4,5]

C. print(a[:100]) => [1,2,3,4,5]　D. print(a[-1:]) => [1,2]

44. 将字符串“example”中的字母 a 替换为字母 b，以下代码正确的是（　　）。

A. example.swap('b', 'a')　B. example.replace('a','b')

C. example.match('b','a')　D. example.replace('b','a')

45. Python 中，以下（　　）是正确的列表。

A. sampleList = {1,2,3,4,5}　B. sampleList = (1,2,3,4,5)

C. sampleList = /1,2,3,4,5/　D. sampleList = [1,2,3,4,5]

46. Python 中，以下（　　）是正确的元组。

A. sampleTuple = (1,2,3,4,5)　B. sampleTuple = {1,2,3,4,5}

C. sampleTuple = [1,2,3,4,5]　D. sampleList = /1,2,3,4,5/

47. Python 中，以下（　　）是正确的字典。

A. myExample = {'someItem'=>2, 'otherItem'=>20}

B. myExample = {'someItem': 2, 'otherItem': 20}

C. myExample = ('someItem'=>2, 'otherItem'=>20)

D. myExample = ('someItem': 2, 'otherItem': 20)

48. 代码 print(type([1,2])) 输出结果为（　　）。

A. <class 'tuple'>　B. <class 'int'>

C. <class 'set'>　D. <class 'list'>

E. <class 'complex'>

学习笔记

49. a = [1,2,3,None,(),[],]
    print(len(a))

以上代码输出结果为（　　）。

A. syntax error　　B. 4　　C. 5
D. 6　　E. 7

50. Python 中，如何输出列表中的第二个元素（　　）。

A. print(example[2])　　B. echo(example[2])
C. print(example[1])　　D. print(example(2))

51. 已知 x, y = 10, [10, 20, 30]，则 x is y 和 x in y 的结果分别为（　　）。

A. True True　　B. False False　　C. True False　　D. False True

52. 在 Python 3 中，下列代码运行的结果是（　　）。

```
lists = [1, 2, 3]
lists.insert(2, [7,8,9])
print(lists)
```

A. [1,2,3,7,8,9]　　B. [1,2,3,[7,8,9]]
C. [1,2,[7,8,9],3]　　D. [1,2,7,8,9,3]

53. 对于以下代码，描述正确的是（　　）。

```
list = ['1', '2', '3', '4', '5']
print(list[10:])
```

A. 导致 IndexError　　B. 输出 ['1', '2', '3', '4', '5']
C. 编译错误　　D. 输出 []

54. 以下代码的运行结果是（　　）。

```
nums = set([1,2,2,3,3,3,4])
print(len(nums))
```

A. 1　　B. 2　　C. 4　　D. 7

55. 以下代码运行的结果是（　　）。

```
print([2] in [1, 2, 3])
```

A. True　　B. False　　C. 2　　D. 报错

56. 下列（　　）不是 Python 元组的定义方式。

A. (1)　　B. (1,)　　C. (1, 2)　　D. (1, (2,3))

57. 以下代码运行的结果是（　　）。

```
tmp = [1, 2, 3, 4, 5, 6]
tmp.insert(-3, 'a')
print(tmp[4])
```

A. 4　　B. 5　　C. 3　　D. 'a'

58. 在 Python 3 中，下列程序结果为（　　）。

```
strs =' I like python '
one = strs.split(' ')
```

学习笔记

```
two = strs.strip()
print(one)
print(two)
```

A. ['', 'I', 'like', 'python', '']
I like python

B. ['I', 'like', 'python']
I like python

C. ['', 'I', 'like', 'python', '']
'I like python'

D. ['I', 'like', 'python']
'I like python'

59. 在 Python 3 中，以下对程序结果描述正确的是（　　）。

```
dicts = {'one': 1, 'two': 2, 'three': 3}
dicts['four'] = 4
dicts['one'] = 6
print(dicts)
```

A. {'one': 1, 'two': 2, 'three': (3, 4)}

B. {'one': 6, 'two': 2, 'three': 3}

C. {'one': 1, 'two': 2, 'three': 3, 'four': 4}

D. {'one': 6, 'two': 2, 'three': 3, 'four': 4}

60. （多选）这段多行的字符串，应该使用（　　）。

```
Lorem ipsum dolor sit amet, consectetur adipiscing elit.
Pellentesque vitae mi blandit, convallis eros ac, dapibus orci.
Suspendisse imperdiet, sem et porta elementum, felis eros tristique ex.
```

A. 单引号 '　　B. 双引号 "　　C. 三单引号 '''　　D. 三双引号 """

61. （多选）我正在使用 Python 2.7，我可以使用以下（　　）字符串格式化的方法。

A. f-string　　B. str.format() 方法　　C. % 格式化字符

62. （多选）下面（　　）是列表中的最后一个元素的索引。

A. -1　　B. 1　　C. 0　　D. 列表长度减一

63. （多选）假定已有空列表 mylist，下面（　　）语句可以将字符串 'abc' 添加到索引 0 位置。

A. mylist[0] = 'abc'　　B. mylist.insert(0, 'abc')

C. mylist.append('abc')　　D. mylist.insert('abc',0)

64. （多选）若 a = (1, 2, 3)，下列（　　）是合法的。

A. a[1:−1]　　B. a*3　　C. a[2] = 4　　D. list(a)

二、判断题

1. Python 中的列表是不可变的。（　　）

2. Python 中的元组是不可变的。（　　）

3. del 语句可以删除列表中指定索引位置的元素。（　　）

4. 假定 list1 引用了一个列表，执行 list2 = list1 后，list1 和 list2 会引用内存中两个内容相同但单独的列表。（　　）

5. 一个列表可以是另一个列表的元素。（　　）

学习笔记

6. 可以调用元组的 remove 方法从元组中删除一个元素。 ( )
7. 可以用“+”操作符来连接两个列表。 ( )
8. 字符串一旦被创建，它就不能改变。 ( )
9. isupper 方法将字符串转换为大写。 ( )
10. 重复操作符“*”适用于字符串和列表。 ( )
11. 当调用一个字符串的 split 方法时，该方法将该字符串分为两个子串。 ( )
12. 一个元组可以做字典的键。 ( )
13. 一个列表可以做字典的键。 ( )
14. 如果 popitem 方法在一个空字典上进行调用，不会触发异常。 ( )
15. 下面的语句创建了一个空集合：myset = ()。 ( )
16. 下面的语句创建了一个空集合：myset = {}。 ( )
17. 如果一个指定元素没有在集合中找到，remove 方法会触发一个异常。 ( )
18. 集合中可以存储重复的元素。 ( )
19. 集合的元素可以是列表。 ( )

三、编程题

1. 编程实现对一个元素全为数字的列表，求最大值、最小值。

2. 编写程序，完成以下要求：统计字符串中各个字符的个数。比如，“hello world”字符串统计的结果为：h:1 e:1 l:3 o:2 d:1 r:1 w:1。

3. 编写程序，完成以下要求：完成一个路径的组装，先提示用户多次输入路径，最后显示一个完成的路径，比如 C:\Users\sxvtc\Desktop\HBuilderX。

4. 有两个列表 list1=[11,22,33,17,42]，list2=[14,30,22,33,44]，获取内容相同的元素列表和不同的元素。

5. 使用 f-string 格式化输出一份九九乘法表。

6. 给定一个字符串，判断该字符串中是否包含某个子串，如果包含，求出子串的所有出现位置。如 "abcbcbabcb34bcbd" 中，"bcb" 子串的出现位置为：1,7,12。字符串和子串均由用户输入。

7. 请循环遍历出字典 key dict = {"k1":"v1","k2":"v2","k3":"v3"} 中所有的键和值。

8. 列表 ls 中存储了我国 39 所 985 高校所对应的学校类型，请以这个列表为数据变量，完善 Python 代码，统计输出各类型的数量。

````
```python
ls = ["综合","理工","综合","综合","综合","综合","综合","综合","综合","综合",\
      "师范","理工","综合","理工","综合","综合","综合","综合","综合","理工",\
      "理工","理工","理工","师范","综合","农林","理工","综合","理工","理工",\
      "理工","综合","理工","综合","综合","理工","农林","民族","军事"]
```
** 输入格式
该题目没有输入
** 输出格式 **
````

学习笔记

按 ls 中默认顺序输出，如：

```
综合 :1
理工 :2
师范 :3
农林 :4
民族 :5
军事 :6
```

其中冒号为英文冒号。

9. 设计一个程序，要求用户输入一组 8 个数据，将数据存储在列表中，然后显示以下数据：列表中的最大数字、列表中的最小数字、列表中的数字总和、列表中的数字平均值。

10. 编写一个函数 middle()，参数是一个字符串，如果字符串的长度是奇数则返回中间位置上的字符，如果字符串的长度是偶数则返回中间位置上的两个字符。比如 middle('Python') 返回 'th'，middle('str') 返回 't'。

11. 有列表 data=[[' 张三 ',' 男 ',[175.5,71.0]],[' 李四 ',' 女 ',[165.0,55.5]]]，分别取出列表中的名字、性别、身高、体重值，并按如下格式输出："张三，男，身高 175.5 cm，体重 71.0 kg。"，每条数据一行。

12. 列表 a[1,3,4,7,8,10]，列表 b[0,2,3,4,5,8,9]，将列表 a 中的元素插入列表 b 中，并保持列表 b 有序。

13. 利用字符串函数，编写以下程序：验证密码中的字符。

学校信息系统的密码必须符合以下要求：长度至少 7 个字符，必须包含至少 1 个大写字母，必须包含至少 1 个小写字母，必须包含至少 1 个数字。

设计一个程序，检查用户输入的密码是否有效。

提示：定义一个 valid_password() 函数，接收密码作为参数，并返回 True 或 False 表明密码是否有效。

项目 6
开发一个系统自动化清理工具

为能长时间保存数据，需要将数据保存到磁盘文件中，在安装和使用过程中都会产生相当多的重复文件和垃圾文件，包括临时文件（如 .tmp、._mp）、日志文件（.log）、临时帮助文件（.gid）、磁盘检查文件（.chk）、临时备份文件（如 .old、*.bak）以及其他临时文件，这些重复文件和垃圾文件需要自动化清理。清理文件要在系统文件目录找到文件、读写文件、利用 MD5 的一致性验证特征查找重复文件、识别垃圾文件，还要处理读写文件时产生的异常。本项目学习的技术包括：

（1）文件读写。

（2）目录管理。

（3）异常处理。

（4）自动化运行。

（5）MD5。

请利用 pip install 安装 APScheduler 模块。

学习笔记

素养要点：信息安全

国家安全与每个公民息息相关。网络信息技术飞速发展，国家信息系统的安全也越来越重要。密码技术是实现信息安全的支撑技术。为了提高关键领域密码算法的安全性，科学家们不断探索，针对已有的各类密码找寻破译方法，在此基础上弥补漏洞，设计推出更加安全的密码。2004 年和 2005 年，山东大学教授王小云带领中国研究团队先后“破解”了 MD5 和 SHA-1 两大国际上公认最先进、应用范围最广的重要算法，震惊了国际密码学界。她的创新性密码分析方法揭示了 MD5 和 SHA-1 两个被广泛使用的密码哈希函数的弱点，推动了新一代密码哈希函数标准。之后王小云和国内其他专家将自己密码破译工作的经验运用于密码系统之中，设计了我国首个哈希函数算法标准 SM3，其安全性得到国内外高度认可。经国家密码管理局审批的含 SM3 的密码产品如金融社保卡、新一代银行芯片卡与智能电表等相关产品已经在全国广泛使用。

学习笔记

6.1 项目实践与解析

6.1.1 统计指定目录的文件信息

首先我们完成一个简单的文件统计程序，这个程序遍历当前目录，统计其中文件信息，并形成汇报。

```
1    import os
2    import time
3
4    def formatTime(stdtime):
5        return time.strftime('%Y-%m-%d %H:%M:%S',time.localtime(stdtime))
6
7    def size2KMG(msize):
8        k=msize/(1024*1024)
9        u="MB"
10       if k>1024:
11           k/=1024
12           u="GB"
13       elif k<0.001:
14           k*=1024
15           u="KB"
16       return "%.2f%s" % (k,u)
17
18   pat=os.getcwd()
19   tpls=os.walk(pat)
20   for itm in tpls:
21       print("Path:",itm[0])
22       for fl in itm[-1]:
23           print("...",fl)
24           try :
25               fileinfo = os.stat(itm[0]+"/"+fl)
26               print('文件路径：', os.path.abspath(fl))
27               #print("------>:",itm[0]+"/"+fl)
28               # 输出基本信息
29               print('文件大小', size2KMG(fileinfo.st_size))
30               print('最后一次访问时间', formatTime(fileinfo.st_atime))
31               print('最后一次修改时间', formatTime(fileinfo.st_mtime))
32               print('最后一次状态变化时间', formatTime(fileinfo.st_ctime))
33           except:
34               print("Ignore:",fl)
```

程序解析：

第 1、2 行加载了需要 time 和 os（操作系统）模块。

第 4、5 行定义了函数 formatTime()，它返回一个字符串，作用是把 unix 时间数字格式化成人们可以读懂的年月日时分秒格式。

学习笔记

第 7 ～ 16 行定义了函数 size2KMG()，这个函数根据传入的文件字节数，选择合适的文件长度单位如 GB、MB 或 KB。

第 18 行利用 os.getcwd() 获得当前工作目录 pat。

第 19 行的 os.walk 将遍历 pat 之下的所有子目录，并将结果放在 tpls 中，每个子目录将成为 tpls 的一个元素，每个元素都在第 0 元素中保存子目录的路径，在最后一个元素中保存该目录层次的文件名列表。

所以第 20 ～ 34 行用两个 for 遍历了 tpls 和 tpls 每个元素中保存的文件列表，并在第 25 行用 os.stat 获取了文件信息，其中要注意的是 os.stat 的参数需要文件的完整路径。

6.1.2　查找指定目录中的重复文件

利用 MD5 的一致性验证特性来查找指定目录中的重复文件，体验文件读写、目录管理、MD5 等技术的应用。查找指定目录中的重复文件代码如下：

```
1    # 查找指定目录中的重复文件
2    import os
3    import hashlib
4    # 定义方法计算文件的 md5 值
5    def getmd5(filename):
6        f = open(filename, 'rb')                      # 打开文件
7        md5 = hashlib.md5()                           # 调用 md5
8        fb = f.read()                                 # 读文件
9        md5.update(str(fb).encode('utf-8')) # 字符串编码后拼接
10       f.close()                                     # 关闭文件
11       return md5.hexdigest()                        # 返回 md5 值
12   # 定义方法查找重复文件
13   def duplicatedfile():
14       all_md5 = {}  # 定义字典，存放文件 md5 的值和文件名
15       filedir = os.walk('./dir12')                  # 指定有重复文件的目录
16       for roots,dirs,files  in filedir:
17           for file in files:
18               file_full_path = os.path.join(roots, file)
19               if getmd5(file_full_path) in all_md5.keys():
20                   print(f"重复文件 {all_md5[getmd5(file_full_path)]} vs {file_full_path}")
21               else:
22                   all_md5[getmd5(file_full_path)] =file_full_path
23   if __name__ == '__main__':
24       duplicatedfile()
```

程序解析：

第 3 行：加载 hashlib 模块，该模块提供了常用的摘要算法如 MD5、SHA1 等。

第 5 ～ 11 行：定义方法，计算文件的 md5 值。

第 6 行：打开文件。

第 7 行：调用 md5() 方法。

第 8 行：读文件。

学习笔记

第 9 行：md5.update()，拼接编码后的字符串。

第 10 行：关闭文件。

第 11 行：返回 md5 值。

第 13 ～ 22 行：定义方法实现查找重复文件功能。

第 14 行：定义字典存放文件的 md5 值和文件名。

第 15 行：os.walk('./dir12'), 目录遍历器，返回的是一个三元组 (root, dirs, files)。root 指的是当前正在遍历的这个文件夹的本身的地址。dirs 是一个 list，内容是该文件夹中所有的目录的名字（不包括子目录）。files 同样是 list, 内容是该文件夹中所有的文件（不包括子目录）。

第 18 行：os.path.join(roots, file) 将路径和文件名拼接。

第 19 ～ 20 行：判断文件的 md5 值是否在 all_md5 字典的键中，如果在键值中，说明该文件是重复文件。

第 21 ～ 22 行：如果文件的 md5 值不在字典中，则将 md5 值和文件加入到字典中。

6.2 知识点总结

视频

文件与异常

1. 文件读写

Python 读写文件的各种模式（只读、写入、追加等），常用 open()、read()、readline()、readlines()、write() 等方法。

（1）open() 函数

Python 读取文件（如 txt、csv 等），第一步要用 open() 函数打开文件。open() 是 Python 的内置函数，它会返回一个文件对象，这个文件对象拥有 read、readline、write、close 等方法。open 函数有两个参数：

```
open('file','mode')
```

file：需要打开的文件路径。

mode（可选）：打开文件的模式，如只读、追加、写入等。mode 常用的模式有：

r：表示文件只能读取。

w：表示文件只能写入。

a：表示打开文件，在原有内容的基础上追加内容，在末尾写入。

w+：表示可以对文件进行读写双重操作。

mode 参数可以省略不填，默认为 r 模式。当需要以字节（二进制）形式读写文件时，只需要在 mode 参数中追加 'b' 即可：

rb：以二进制格式打开一个文件，用于只读。

wb：以二进制格式打开一个文件，用于只写。

ab：以二进制格式打开一个文件，用于追加。

wb+：以二进制格式打开一个文件，用于读写。

学习笔记

当在默认模式下读取文本文件时（二进制文件不可以），文件中的换行符会转换为 '\n' 形式。相反，在默认模式下写入文件时，文本中的 '\n' 会转换为换行符。

（2）with 关键字

在打开文件时，不提倡直接用 open('file')，最好使用 with 关键字。优点是当子句体结束后文件会正确关闭，即使在某个时刻引发了异常。

（3）close() 方法

打开文件并处理完毕后，需要关闭文件。f.close() 用来关闭文件并立即释放它使用的所有系统资源。如果没有显式地关闭文件，Python 的垃圾回收器最终将销毁该对象并关闭打开的文件，但这个文件可能会保持打开状态一段时间。

（4）read() 方法

当使用 open() 函数打开文件后，就可以使用该文件对象的各种方法了，read() 会读取一些数据并将其作为字符串（在文本模式下）或字节对象（在二进制模式下）返回。

```
f.read(size) # f 为文件对象
```

参数 size（可选）为数字，表示从已打开文件中读取的字节计数，默认情况下为读取全部。

（5）readline() 方法

从文件中读取整行，包括换行符 '\n'。换行符（\n）留在字符串的末尾，如果文件不以换行符结尾，则在文件的最后一行省略，这使得返回值明确无误。

如果 f.readline() 返回一个空的字符串，则表示已经到达了文件末尾，而空行使用 '\n' 表示，该字符串只包含一个换行符。

f.readline(size)，参数 size 表示从文件读取的字节数。readline 方法会记住上一个 readline() 函数读取的位置，接着读取下一行。

（6）readlines() 方法

readlines() 方法和 readline() 方法长得像，但功能不一样，readline() 方法只读取一行，readlines() 方法则是读取所有行，返回的是所有行组成的列表。

（7）write() 方法

write() 方法就是将字符串写入文件里。

```
f.write([str]) # f 为文件对象，参数 [str] 代表要写入到文件
```

接下来编程实现读写文本文件和读写二进制文件，程序代码如“文件读写 .py”所示：

```
import os
import time
def read_and_write():
    #1.一次性读取
    with open('./file/manifest.json','r',encoding='utf-8') as f:
        f.seek(0,0)# 游标移动到第一行第一列
        json_data=f.readlines() # 读取全部行，返回列标
```

学习笔记

```
        print(json_data)
        f.close()
        #2. 按行读取
        with open('./file/manifest.json','r',encoding='utf-8') as f:
            # next(f)  # 跳过文件 1 行
            for line in f:
                line = line.strip('\n') # 删除换行符
                print(line)
        f.close()
        #3. 读取文件保存到另一个文件中
        with open('./file/manifest01.json','a',encoding='utf-8') as f1:
            with open('./file/manifest.json','r',encoding='utf-8') as f2:
                for line in f2:
                    f1.write(line) # 按行写
            f2.close()
        f1.close()
        #4. 读取保存二进制文件
        with open('./file/img.jpg','rb') as f:
            data=f.read()
        f.close()
        with open('./file/img1.jpg','wb') as f:
            f.write(data)
        f.close()
        # 5. 读取文件属性信息
        fileinfo = os.stat('./file/english.mp3')
        print(" 索引号: ", fileinfo.st_ino)
        print(" 被连接数目: ", fileinfo.st_dev)
        print(" 文件大小 :", fileinfo.st_size, " 字节 ")
        print(" 最后一次访问时间 :", time.localtime(fileinfo.st_atime))
        print(" 最后一次修改时间 :", time.localtime(fileinfo.st_mtime))
        print("最后一次状态变化的时间: ", time.localtime(fileinfo.st_ctime))
    if __name__=='__main__':
        try:
            read_and_write()
        except Exception as ex:
            print(f' 文件错误: {ex}')
```

fnmatch 模块是用来做字符串匹配文件名的标准库。其 fnmatch() 方法匹配能力介于简单的字符串方法和强大的正则表达式之间，如果在数据处理操作中只需要简单的通配符就能完成的时候，这通常是一个比较合理的方案。此模块的主要作用是文件名称的匹配。查找 json 类型文件，程序代替如“文件类型匹配 .py”所示：

```
import fnmatch
import os
for file in os.listdir('./file'):
    if fnmatch.fnmatch(file, '*.json'):
        print(file)
```

学习笔记

2. 目录操作

目录也称文件夹，用于分层保存文件，通过目录可以分门别类地存放文件，常用的目录操作包括判断目录是否存在、创建目录、删除目录和遍历目录等。Python 内置了 os 模块及子模块 os.path 用于对目录或文件的操作。

（1）os 模块提供的与目录相关的函数

os.getcwd()：获取当前工作目录，即当前 Python 脚本工作的目录路径。

os.chdir("dirname")：改变当前脚本工作目录；相当于 shell 下 cd。

os.curdir：返回当前目录：('.')。

os.pardir：获取当前目录的父目录字符串名：('…')。

os.makedirs('dir1/dir2')：可生成多层递归目录。

os.removedirs('dirname1')：若目录为空，则删除，并递归到上一级目录，如若也为空，删除，依此类推。

os.mkdir('dirname')：生成单级目录；相当于 shell 中 mkdir dirname。

os.rmdir('dirname')：删除单级空目录，若目录不为空则无法删除，报错；相当于 shell 中 rmdir dirname。

os.listdir('dirname')：列出指定目录下的所有文件和子目录，包括隐藏文件，并以列表方式打印。

os.remove()：删除一个文件。

os.rename("oldname","new")：重命名文件 / 目录。

os.stat('path/filename')：获取文件 / 目录信息。

os.sep：操作系统特定的路径分隔符，Windows 下为 "\"，Linux 下为 "/"。

os.linesep：当前平台使用的行终止符，Windows 下为 "\t\n"，Linux 下为 "\n"。

os.pathsep：用于分割文件路径的字符串。

os.name：字符串指示当前使用平台。

os.system("bash command")：运行 shell 命令，直接显示。

os.environ：获取系统环境变量。

（2）os.path 模块提供的与目录相关的函数

os.path.abspath(path)：返回绝对路径。

os.path.basename(path)：返回文件名。

os.path.commonprefix(list)：返回 list(多个路径) 中，所有 path 共有的最长的路径。

os.path.dirname(path)：返回文件路径。

os.path.exists(path)：路径存在则返回 True，路径损坏返回 False。

os.path.getatime(path)：返回最后一次进入此 path 的时间。

os.path.getmtime(path)：返回在此 path 下最后一次修改的时间。

os.path.getctime(path)：返回 path 的大小。

os.path.getsize(path)：返回文件大小，如果文件不存在就返回错误。

os.path.isabs(path)：判断是否为绝对路径。

学习笔记

os.path.isfile(path)：判断路径是否为文件。

os.path.isdir(path)：判断路径是否为目录。

os.path.islink(path)：判断路径是否为链接。

os.path.ismount(path)：判断路径是否为挂载点。

os.path.join(path1[, path2[, …]])：把目录和文件名合成一个路径。

os.path.normcase(path)：转换 path 的大小写和斜杠。

os.path.normpath(path)：规范 path 字符串形式。

os.path.realpath(path)：返回 path 的真实路径。

os.path.relpath(path[, start])：从 start 开始计算相对路径。

os.path.samefile(path1, path2)：判断目录或文件是否相同。

os.path.sameopenfile(fp1, fp2)：判断 fp1 和 fp2 是否指向同一文件。

os.path.samestat(stat1, stat2)：判断 stat tuple stat1 和 stat2 是否指向同一个文件。

os.path.split(path)：把路径分割成 dirname 和 basename，返回一个元组。

os.path.splitdrive(path)：一般用在 Windows 下，返回驱动器名和路径组成的元组。

os.path.splitext(path)：分割路径，返回路径名和文件扩展名的元组。

os.path.splitunc(path)：把路径分割为加载点与文件。

os.path.walk(path, visit, arg)：遍历 path，进入每个目录都调用 visit() 函数，visit() 函数必须有三个参数 (arg, dirname, names)，dirname 表示当前目录的目录名，names 代表当前目录下的所有文件名，args 则为 walk 的第三个参数。

os.path.supports_unicode_filenames：设置是否支持 unicode 路径名。

目录基本操作程序如“目录基本操作.py”所示：

```
import os
print(os.environ['systemdrive'] + '\\') # 系统盘 C:\
print(os.environ['userprofile']) # 用户目录 C:\Users\sxvtc
print( os.environ['windir']) # 系统安装目录 C:\Windows
print(os.getcwd())  # 获取当前工作目录
print(os.path.exists("c:\\demo")) # 判断目录是否存在
# 如果要创建要目录，先判断要创建的目录是否存在
path = "c:\\demo"
if not os.path.exists(path):
    os.mkdir(path)
else:
    print(' 该目录已经存在 ')
os.makedirs("C:\\demo1\\demo2\\") # 创建多级目录
path = "C:\\demo1\\demo2"
# 判断要删除的目录是否存在，如果不存在会抛出问题
if os.path.exists(path):
    os.rmdir("C:\\demo1\\demo2") # 删除的是 demo2 目录
    print(" 目录删除成功 !")
else:
    print(" 该目录不存在 ")
 # 遍历目录 os.walk('path','topdown') 返回值是一个包含三个元素(root,dirs,files) 的元组生成器对象
```

学习笔记

```
# path 用于指定要遍历的目录，topdown 是可选参数，用于指定要遍历的顺序，如果为 True（默认），表示从上到下遍历，如果为 False，表示从下到上
#root：是一个字符串，表示当前遍历的路径
#dirs：是一个列表，表示的是当前路径下包含的子目录
#files：也是一个列表，当前目录下的文件
for root,dirs,files in os.walk('..',topdown=True):
    print(root)
    for name in dirs:
        print(os.path.join(root,name))
    for name in files:
        print(os.path.join(root,name))
# 查找当前目录下某个文件是否存在
import os
path = "C:\\demo"
filename = "love.txt"
for root,dirs,files in os.walk(path):
    for name in files:
        if filename== name:
            print(os.path.join(root,name))
```

以树结构的形式输出指定目录下面的所有文件，程序代码如“目录管理.py”所示：

```
import os
# 获取指定目录中文件和目录
def os_traversal(file_dir):
    for root, dirs, files in os.walk(file_dir):
        print("root", root)  # 当前目录路径
        print("dirs", dirs)  # 当前路径下所有子目录
        print("files", files)  # 当前路径下所有非目录子文件
# 以树形结构的形式输出指定目录下面的所有文件（文件在前，目录在后）
def treeStructure(startpath):
    for root, dirs, files in os.walk(startpath):
        level = root.replace(startpath, '').count(os.sep)# 判断目录层数
        indent = ' ' * 2 * (level)
        print(f'{indent[:]}|')
        print(f'{indent}+{os.path.basename(root)}/')
        subindent = ' ' * 2 * (level + 1)
        for f in files:
            print(f'{subindent[:-2]}| +--- {f}')
# 以树形结构的形式输出指定目录下面的所有文件（按排序输出）
def dfs_showdir(path, depth):
    if depth == 0:
        print("root:[" + path + "]")
    for item in os.listdir(path):
        if item in ['.git', '.idea', '__pycache__']:
            continue
        print("| " * depth + "+--" + item)
        new_item = path + '/' + item
        if os.path.isdir(new_item):
            dfs_showdir(new_item, depth + 1)
```

学习笔记

```
if __name__=='__main__':
    try:  #try   except 异常处理
        os_traversal("./")
        treeStructure('./')
        dfs_showdir('./', 0)
    except Exception as ex:
        print(f'出现异常：{ex}')
```

3. 异常处理

Python 解释器去执行程序，检测到了一个错误时，触发异常，异常触发后且没被处理的情况下，程序就在当前异常发生处终止，后面的代码不会运行，谁会去用一个运行中突然就崩溃的软件，所以必须提供一种异常处理机制来增强程序的健壮性与容错性。

异常即是一个事件，该事件会在程序执行过程中发生，影响程序的正常执行。一般情况下，在 Python 无法正常处理程序时就会发生一个异常。程序员编写特定的代码，专门用来捕捉这个异常（这段代码与程序逻辑无关，与异常处理有关）。如果捕捉成功则进入另外一个处理分支，如图 6-1 所示，确保程序不会崩溃，这就是异常处理。异常处理的语法结构为 try...raise....except...else..finally... 异常处理的伪代码如下：

```
try:
<语句块 1>          # 可能出现异常的语句块
If  <条件>:         # 自定义抛出异常
   Raise  [ExceptionName [(reason)]
except  [ExceptionName1 [as alisa1]:
<语句块 2>          # 如果在 try 部分引发了 ExceptionName1 异常执行的语句块
except [ExceptionName2 [as alisa2]
<语句块 3>          # 如果引发了 'name' 异常，获得附加的数据
else:
<语句块 4>          # 如果没有异常引发执行的语句块
finally:
<语句块 5>          # 退出 try 时总会执行，不管是否发生异常，都要执行的语句
```

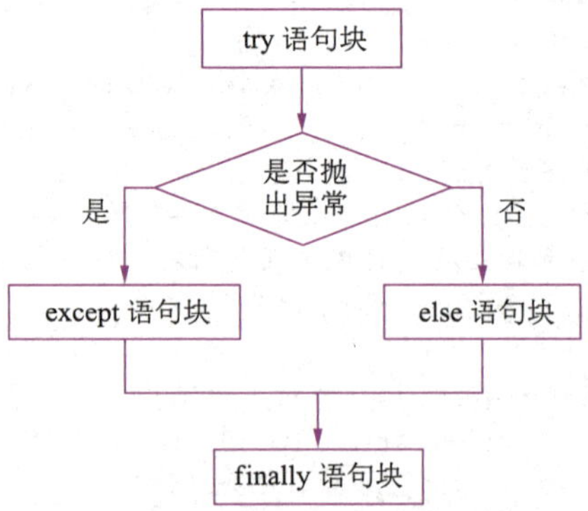

图 6-1　异常处理执行流程

编写程序模拟学生分发图书，出现以下三种情况要用异常处理机制：

- 输入的学生数量为 0；

学习笔记

- 输入的学生数和图书数量小于 0；
- 输入的图书数量小于学生数量，不够分。

实现该功能的程序代码如“异常处理 .py”所示：

```
books=int(input('请输入书本数量：'))
students=int(input('请输入学生数量：'))
try:
    num=books/students
    if books<students or students<=0 or books<=0:
        raise ValueError('书本数量和学生数量要大于0,图书量要多于学生量')
except ZeroDivisionError:
    print('学生数不能为 0')
except ValueError as e:
    print('数据输入有误：', e)
else:
    print(f'每学生分发{int(books/students)}本书')
finally:
    print('完成了图书分发')
```

4. 自动化运行

有些时候需要每隔一段时间就执行一段程序，或者定时执行某一个任务。如定时爬取数据，查看天气预报。用 Python 实现定时任务的四种方法：

- while True: + sleep()。
- threading.Timer 定时器。
- 调度模块 schedule。
- 任务框架 APScheduler。

常见的定时任务的需求：定时执行任务，例如每天早上 8 点定时推送早报；每隔一个时间段就执行任务。比如：每隔一个小时提醒自己起来走动走动，避免长时间坐着。接下来用 Python 实现定时任务。

（1）循环 sleep

在循环里面放入要执行的任务，然后 sleep 一段时间再执行，这个方法的缺点是，只能执行固定间隔时间的任务，如果有定时任务就无法完成，比如早上六点半喊我起床。并且 sleep 是一个阻塞函数，也就是说 sleep 这一段时间，什么都不能做。

循环 +sleep 实现定时执行任务的程序如“循环 sleep.py”所示：

```
from datetime import datetime
import time
def  job():
    print(datetime.now().strftime("%Y-%m-%d %H:%M:%S"))
def timer(n):# 每n秒执行一次
    while True:
        job()
        time.sleep(n)
timer(5) #间隔5s
```

（2）threading 模块中的 Timer()

threading 模块中的 Timer() 是一个非阻塞函数，比 sleep 稍好一点。Timer() 函数第一个参数是时间间隔（单位是秒），第二个参数是要调用的函数名，第三个参数是调用函数的参数 (tuple)。利用 threading+Timer 定时循环执行任务程序如下所示：

```
from datetime import datetime
from threading import Timer
def  job():# 打印时间函数
    print(datetime.now().strftime("%Y-%m-%d %H:%M:%S"))
def printTime(inc):
    job()
    t = Timer(inc, printTime, (inc,))
    t.start()
printTime(5)# 间隔 5s
```

（3）使用 sched 模块

sched 模块实现了一个通用事件调度器，在调度器类使用一个延迟函数等待特定的时间，执行任务。同时支持多线程应用程序，在每个任务执行后会立刻调用延时函数，以确保其他线程也能执行。sched 使用步骤如下：

①生成调度器：s = sched.scheduler(time.time, time.sleep)。

第一个参数是一个可以返回时间戳的函数，第二个参数可以在定时未到达之前阻塞。

②加入调度事件：s.enter(x1, x2, x3, x4)，四个参数分别为：间隔事件、优先级（用于同时间到达的两个事件同时执行时定序）、被调用触发的函数、给触发函数的参数（注意：一定要以元组方式），如果只有一个参数就也需要使用元组形式：（参数，）。

③运行：s.run()。

注意：sched 模块不是循环的，一次调度被执行后就结束了，如果想再执行，需要再次运行。

使用 sched 模块 .py：

```
from sched  import  scheduler
import time
from datetime import datetime
# 初始化sched模块的 scheduler 类，第一个参数是一个可以返回时间戳的函数，第二个参数可以在定时未到达之前阻塞
schedule = scheduler(time.time, time.sleep)
# 被周期性调度触发的函数
def job(inc):
    print(datetime.now().strftime("%Y-%m-%d %H:%M:%S"))
    schedule.enter(inc, 0, job, (inc,)) # 递归，可以持续执行
def main(inc=60):# 默认参数 60s
     # enter 四个参数分别为：间隔事件、优先级（用于同时间到达的两个事件同时执行时定序）、被调用触发的函数
    # 给该触发函数的参数（tuple 形式）
    schedule.enter(0, 0, job, (inc,))
    schedule.run() #sched 模块不是循环的，一次调度被执行后就结束
if __name__=='__main__':
    main(2)
```

（4）APScheduler 定时框架

APScheduler 是一个 Python 定时任务框架，在指定的时间规则执行指定的作业，使用起来十分方便，提供了基于日期、固定时间间隔以及 crontab 类型的任务，并且可以持久化任务，并以 daemon（后台）方式运行应用。使用 APScheduler 需要安装 pip install apscheduler。

APScheduler 可以固定时间间隔和周期性执行任务，程序如“APScheduler 定时框架 .py”所示：

```
from apscheduler.schedulers.blocking import BlockingScheduler
from datetime import datetime
def job():# 输出时间
    print(datetime.now().strftime("%Y-%m-%d %H:%M:%S"))
# 当调度器是应用中唯一要运行的任务时，使用 BlockingSchedule
scheduler = BlockingScheduler()
# 周期性执行
scheduler.add_job(job, 'cron', month='8-12',day_of_week='1-5', hour=13, minute=5)
# 间隔执行
# scheduler.add_job(job, 'interval', seconds=5)
scheduler.start()
```

BlockingScheduler 是 APScheduler 中的调度器，APScheduler 中有两种常用的调度器，BlockingScheduler 和 BackgroundScheduler，当调度器是应用中唯一要运行的任务时，使用 BlockingSchedule，如果希望调度器在后台执行，使用 BackgroundScheduler。

常用的设置周期性执行任务的方式如下：

①固定日期（cron）参数：

year (int|str)：四位数字的年份。

month (int|str)：月份。

day (int|str)：天。

week (int|str)：周（1-53）。

day_of_week (int|str)：缩写的星期（0-6 or mon,tue,wed,thu,fri,sat,sun）。

hour (int|str)：小时。

minute (int|str)：分钟（0-59）。

second (int|str)：秒（0-59）。

②固定时间间隔（interval）参数：

year (int|str)：四位数字的年份。

month (int|str)：月份。

day (int|str)：天。

week (int|str)：周（1-53）。

day_of_week (int|str)：缩写的星期（0-6 or mon,tue,wed,thu,fri,sat,sun）。

hour (int|str：小时。

minute (int|str)：分钟（0-59）。

second (int|str)：秒（0-59）。

学习笔记

5. MD5

MD5（message digest algorithm V5，消息摘要算法第五版）为计算机安全领域广泛使用的一种散列函数，用以提供消息的完整性保护。MD5 可以产生出一个 128 位（16 字节）的散列值（Hash value），用于确保信息传输完整一致。MD5 由美国密码学家罗纳德·李维斯特（Ronald Linn Rivest）设计。MD5 应用于一致性验证和安全访问认证。

①一致性验证：MD5 可以为一段信息 message 产生信息摘要 message digest（MD5 值）。MD5 可以为任何文件（不管大小、格式、数量）产生独一无二的“数据指纹”，如果对文件做了改动，其 MD5 值（“数据指纹”）也会发生变化。通过比较 MD5 值是否相同来验证文件的一致性。

②安全访问认证：当用户登录时，首先计算用户输入的明文口令的 MD5 值，然后和数据库存储好的 MD5 对比，如果一致，说明口令输入正确。

编程计算文件的 MD5 值并保存到字典中，程序如“MD5.py”所示：

```
import hashlib
import os
#1. 计算文件 MD5 值
def GetFileMd5(path):
    record={}
    myHash = hashlib.md5()
    for root, dirnames, filenames in os.walk(path):
        # os.walk(dir) 扫描 dir 目录中所有的子目录和文件
        for filename in filenames:
            full_path = os.path.join(root, filename)
            f = open(full_path, 'rb')
            while True:
                b = f.read(8096)
                if not b:
                    break
                myHash.update(b) #调用 update(arg) 方法，拼接数据，而不是覆盖。m.update(a); m.update(b) 等价于 m.update(a+b)
            f.close()
             record[full_path]=myHash.hexdigest() #将 MD5 值转换为十六进制，附件到列表
    return record
print(GetFileMd5('./file')) #输出所有文件的 MD5 值
```

6.3 实践训练：完成一个系统自动化文件清理工具

实践目标：

利用本节代码完成一个“清理垃圾文件”的脚本。

学习笔记

实践要求：

已经学完了文件读写、目录管理、异常处理、自动化运行、MD5 等基础知识，接下来完成一个项目，要求能周期性地清理垃圾文件或指定类型的文件。

参考代码：

“自动化文件清理工具 .py”如下所示：

```
#清理指定目录下的垃圾文件
import os
from apscheduler.schedulers.blocking import BlockingScheduler
del_extension = {    #定义要删除的文件类型
    '.tmp': '临时文件',
    '._mp': '临时文件_mp',
    '.log': '日志文件',
    '.gid': '临时帮助文件',
    '.chk': '磁盘检查文件',
    '.old': '临时备份文件',
    '.xlk': 'Excel 备份文件',
    '.bak': '临时备份文件 bak'
}
class JunkFileClean(object):
    #初始化函数
    def __init__(self):
        self.del_info = {} #定义空字典，存放要删除的文件类型及数量
        self.del_file={} #定义空字典，存放要删除的文件类型及文件名称
        self.del_file_paths = []
        self.total_size = 0
        for i,j in del_extension.items(): #获取字典 del_extension 的键值对
            # 构造 2 层字典，键是文件类型，值是文件类型名称和文件数量
            self.del_info[i] = dict(name = j,count = 0 )
            # 构造字典 2 层字典，键是文件类型，值是文件类型名称和存放该类型文件的列表
            self.del_file[i]=dict(name=j,files=[])
        print(self.del_info)
    #定义方法删除文件
    def del_dir_or_file(self,root):
        try:
            if os.path.isfile(root):
                os.remove(root)
                print("file", root, "removed")
            elif os.path.isdir(root):
                os.rmdir(root)
                print("dir", root, "removed")
        except WindowsError:
            print("failure", root, "can't remove")
    #扫描目录中垃圾文件
    def scanf(self):
        for roots,dirs,files in os.walk('C:\\Users\sxvtc'):
                                                    #指定目录中的垃圾文件
            for files_item in files:
```

学习笔记

```
                # print(files_item) # 输出文件
                file_extension = os.path.splitext(files_item)[1]
                if file_extension in self.del_info:
                    file_full_path = os.path.join(roots,files_item)
                    self.del_file_paths.append(file_full_path)
                    self.del_info[file_extension]['count'] += 1
                        self.del_file[file_extension]['files'].append(file_full_path)
                    self.total_size += os.path.getsize(file_full_path)
        # print(self.del_file) # 输出要删除的文件
    # 打印将删除垃圾文件信息
    def show(self):
        for i in self.del_info:
            print(self.del_info[i]["name"]," 共计 ",self.del_info[i]["count"]," 个 ")
    # 删除文件
    def delete_files(self):
        for i in self.del_file_paths:
            print(i)
            self.del_dir_or_file(i)
if __name__ == "__main__":
    def job():
        print(" 初始化清理垃圾程序 ")
        cleaner = JunkFileClean()
        print(" 开始扫描垃圾文件请耐心等待 \n")
        cleaner.scanf()
        print(" 扫描成功，结果如下 ")
        re = cleaner.show()
        # cleaner.delete_files()
    scheduler = BlockingScheduler()
    #  周期性执行
    scheduler.add_job(job, 'cron', month='7-12', day_of_week='1-5', hour=21, minute=51)
    scheduler.start()
```

编写程序实现定时检查指定目录中的重复文件并删除，程序代码如“删除重复文件.py”所示：

```
import fnmatch # 此模块的主要作用是文件名称的匹配
import os # 文件与目录操作
import hashlib # 提供了常用的摘要算法如 MD5,SHA1 等
import sys  #sys 模块提供了一系列有关 Python 运行环境的变量和函数
from apscheduler.schedulers.blocking import BlockingScheduler
BLOCK = 1024*8
#1. 匹配文件名
def is_file_match(f, patterns):
    for pattern in patterns:
        if fnmatch.fnmatch(f, pattern): # 测试 f 是否符合 pattern
            return True
    return False
#2. 查找当店目录中的文件及其子目录的中的文件
```

学习笔记

```
def find_specific_files(dir, pattern=["*"], exclude_dir=[]):
    for root, dirnames, filenames in os.walk(dir):
#os.walk(dir) 扫描 die 目录中所有的子目录和文件，返回当前目录、当前目录下的子目录、当前目录中的所有文件
        for filename in filenames:
            full_path = os.path.join(root, filename)
            # print(full_path)
            if is_file_match(full_path, pattern):
                yield full_path
        for directory in exclude_dir:
            if directory in exclude_dir:
                print(directory)
                exclude_dir.remove(directory)
#3. 按块读文件
def get_chunk(file):
    with open(file,'rb') as fb:
        while True:
            chunk = fb.read(BLOCK)
            if not chunk:
                break
            else:
                yield chunk     #yield 关键字将该函数变为一个生成器
#4. 计算 MD5 值
def get_md5_sum(file):
    md5_obj = hashlib.md5()      # 获取一个 md5 加密算法对象
    for chunk in get_chunk(file):
        md5_obj.update(chunk)  # 制定需要加密的字符串
    return md5_obj.hexdigest()  # 获取 16 进制的 MD5 值
#5. 主程序
def main():
    dir_for_search = sys.argv[1]
    # print(dir_for_search)       # 输出 ./dir 中的文件
    if not os.path.isdir(dir_for_search):
        # 抛出 SystemExit 异常
        raise SystemExit(f"{dir_for_search} is not a directories.")
    record = {} # 定义空字典，存放文件及其 MD5 值
    for file in find_specific_files(dir_for_search):
        md5_sum = get_md5_sum(file)         # 获取文件的 MD5 值
        if md5_sum in record: #MD5 值已存在字典中，说明有重复文件
            # 输出重复文件
            print(f" 重复文件 {record.get(md5_sum)} vs {file}")
            print(f' 删除了重复文件 {file}')
            os.remove(file)
        else:
            record[md5_sum] = file      # 不是重复文件则保存到字典中
#6. 程序入口
if __name__ == '__main__':
    def job():
        sys.argv.append(r'.\dir')       # 将外部的数据传入 argu 列表，
                                          实现检查 ./dir 中的重复文件
```

学习笔记

```
        main()
    scheduler = BlockingScheduler()
    # 周期性执行
    scheduler.add_job(job, 'cron', month='7-12', day_of_week='1-6', hour=16, minute=15)
    scheduler.start()
```

习　题

一、选择题

1. 如果希望语句 print(' /usr', 'share', 'doc') 运行的结果是 /usr/share/doc，那么需要在 print 函数中设置（　　）。

A. sep = '/'　　B. end = '/'　　C. file = '/'　　D. flush = '/'

2. 程序可以使用文件之前，必须（　　）。

A. 格式化　　B. 加密　　C. 关闭　　D. 打开

3. 当程序使用完文件后，应该做的是（　　）。

A. 擦除文件　　B. 打开文件　　C. 关闭文件　　D. 加密文件

4. 当文件以（　　）方式打开时，数据将写入文件现有内容的后面。

A. 'a'　　B. 'w'　　C. 'r'　　D. 'b'

5. Open() 函数的 mode 参数的默认值是（　　）。

A. 'w'　　B. 'r'　　C. 'a'　　D. 'b'

6. 编写处理异常的代码是（　　）。

A. run/handle　　B. try/except　　C. try/else　　D. try/finally

7. 程序中使用 open() 函数打开一个文件，如果该文件不存在，会导致（　　）异常。

A. ValueError　　B. IndexError

C. FileNotFoundError　　D. NameError

8. 以下（　　）关键字是与 try 语句一起使用来处理异常的。

A. catch　　B. exception　　C. catch(a)　　D. except

9. 以下（　　）代码是正确地读取一个文件。

A. f = open("test.txt", "read")　　B. f = open("r","test.txt")

C. f = open("test.txt", "r")　　D. f = open("read","test.txt")

10. 以下（　　）代码是正确地打开文件并准备写入。

A. f = open("test.txt","w")　　B. f = open("test.txt","write")

C. f = open("write","test.txt")　　D. f = open("w","test.txt")

二、判断题

1. 当使用 'w' 模式打开已经存在于磁盘上的文件时，现有的文件内容将被删除。（　　）

学习笔记

2. 当一个已存在的文件以 'a' 模式打开，文件的现有内容会被删除。 ( )

3. 在一个 try/except 语句中，可以有多个不同的 except 语句。 ( )

4. try/except 语句中的 else 语句块只有在 try 语句块中的一个语句引发异常时才会执行。 ( )

5. try/except 语句中的 finally 语句块只有在 try 语句块中的语句没有引发异常时才会执行。 ( )

6. 文件对象的 writelines 方法在写入文件时会在每个列表元素后面添加一个换行符（'\n'）。 ( )

三、编程题

1. 统计 C 盘中的文件（目录不统计）数量以及每种类型文件的数量。

2. 为提高账号密码的安全性，对密码进行 MD5 加密，请编写程序模拟项目中的账号密码加密管理。

3. 身份认证是经常要输入身份证号码，身份证号码长度 18 位，最后一位只能是 X 或数字、第 7 ～ 14 位是年月日，请用异常处理机制验证输入的身份证号码是否合法。

4. 网络比赛在比赛结束前一段时间因大量的文件上传常常导致网络阻塞，请设计程序利用 MD5 技术确保赛后提交的结果没有再次修改。

5. 编程实现定期清空回收站。

项目 7 开发一个网络数据可视化工具

学习笔记

互联网已进入大数据时代，互联网企业拥有大量的用户数据，在运营中也会产生大量数据，如新浪财经、百度搜索指数、微博指数、淘宝美团京东等商业数据；此外，大量的社会数据也通过网络发布，如高考招生数据、政府的统计数据，互联网已成为重要的数据来源。

互联网数据利用爬虫技术可以爬取，爬取的数据一般较大，对数据进行可视化，将繁杂的数据用简洁的图表和色彩展示数据信息，容易洞悉蕴含在数据中的现象和规律，帮助人们理解数据蕴含的信息。

本项目涉及的技术包括：

（1）爬取网页、解析网页数据。

（2）数据可视化。

（3）综合应用爬虫和可视化技术统计绘图流行病数据。

请利用 pip install 安装 requests、BeautifulSoup4、json、lxml、pyecharts 等模块。

素养要点：探索精神

数据分析是一个探索过程，需要好奇心、求知欲与科学探索精神。探索精神是人类文明的原动力，2021 年 6 月 17 日神舟十二号载人飞船顺利升空，标志着中国航天进入空间站时代。这个时间距离 1999 年第一艘试验飞船神舟一号发射，已经超过 20 年的时间了。这 20 多年里，每一次的点火升空，都是中国航天对太空探索的尝试，一代又一代人传承着探索精神，助推航天梦想，彰显中国力量。

新中国成立以后，一枚又一枚的火箭被送上太空，用以探索地球之外星河的奥秘。“天宫”揽胜、“嫦娥”奔月、“北斗”指路、“长五”飞天，中国人的探索精神绵延不断地向前传递。未来中国人民将以更大的智慧和勇气去探寻未知世界的奥秘，不断创造新的辉煌。

学习笔记

7.1 项目实践与解析

7.1.1　爬取网页

使用 requests 模块爬取网页，爬取 360 搜索“python”结果第 1 页，网址 https://www.so.com/s，请求传递参数是“python”，如图 7-1 所示。

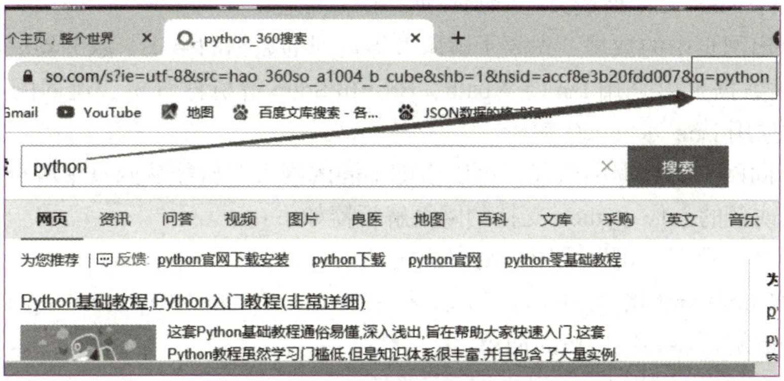

图 7-1　爬取网页

程序代码：

```
1    import requests
2    #header 是请求伪装，把爬虫伪装成浏览器
3     header={'User-Agent':'Mozilla/5.0 (Windows NT 10.0; Win64; x64) AppleWebKit/537.36 (KHTML, like Gecko) Chrome/91.0.4472.124 Safari/537.36'}
4    url='https://www.so.com/s' # 爬取网页的网址
5    param={'q':' 爬虫 '}    # 参数
6    try:
7        r=requests.get(url,params=param,headers=header)
8        print(r.request.url) # 输出爬取网页的网址
9        r.raise_for_status()  # 抛出网络连接异常
10       print(r.text)  # 输出爬取的文本
11   except:
12       print(" 获取失败 ")
```

如果网络连接正常，程序将输出网页 html 源码，否则将输出“获取失败”。

程序解析：

第 1 行：加载 requests 库。

第 3 行：定义请求伪装，把爬虫伪装成浏览器。

第 4、5 行：爬取网页的网址和传递的参数。

第 6 ～ 11 行：异常处理机制。

第 7 行：爬虫伪装成浏览器，向服务器发送一个请求，服务器接收到请求后返回响应内容中的整个网页源代码。

第 8 行：返回响应的网址。

第 9 行：如果爬虫网络连接出现问题，抛出异常。

第 10 行：输出返回网页的文本。

7.1.2 解析网页数据

将整个网页爬取下来，网页数据量大且数据结构混乱、大部分数据是没用的数据，需要对爬取的网页数据进行过滤，删除无用的数据、留下有用的数据。解析网页数据就是指从网页获取数据，并将获取到的非结构化数据转化为结构化的数据，最终可以将数据存储为 txt、json、csv 格式或存储到数据库中。

要过滤出网页中的数据，先要了解服务器返回的数据的格式，服务器返回非结构化的 html 格式数据可以采用 lxml、Xpath、BeatifulSoup 解析器解析，返回的半结构化的 json 格式数据用 json_decode() 解析。

针对不同网页的数据和格式，可以借助不同的网页解析器从网页中解析和提取具有价值的数据或新的 url。Python 支持的网页解析器如下：

①针对文本数据，可以采用正则表达式。

②针对 html/xml 格式数据，可以采用 lxml、Xpath、BeautifulSoup 解析器，但 BeautifulSoup 解析器的应用最为简单。

③针对 json 格式数据，可以采用 json 解析器。

BeautifulSoup 是一个 html/xml 的解析器，其主要功能是解析和提取 html/xml 中的数据，不仅支持 CSS 选择器、html 解析器，还支持 lxml 的 xml 解析器，实现了常用的文档导航和查找。接下来要求利用 BeautifulSoup 解析 https://news.163.com/ 中的新闻标题（见图 7-2）的链接网址。

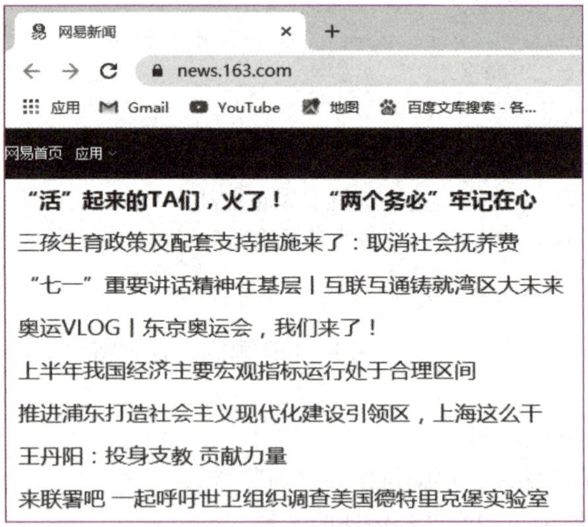

图 7-2 网易新闻截图

针对要爬取的网页内容，先查看网页结构，用谷歌浏览器打开网页，右击新闻标题，在快捷菜单中选择“检查”命令，整个网页的 html 代码很多，查找并展开“<ul class=top_news_ul>”标签下的“li”标签，可以查看到爬取任务中的新闻标题，如图 7-3 所示。

学习笔记

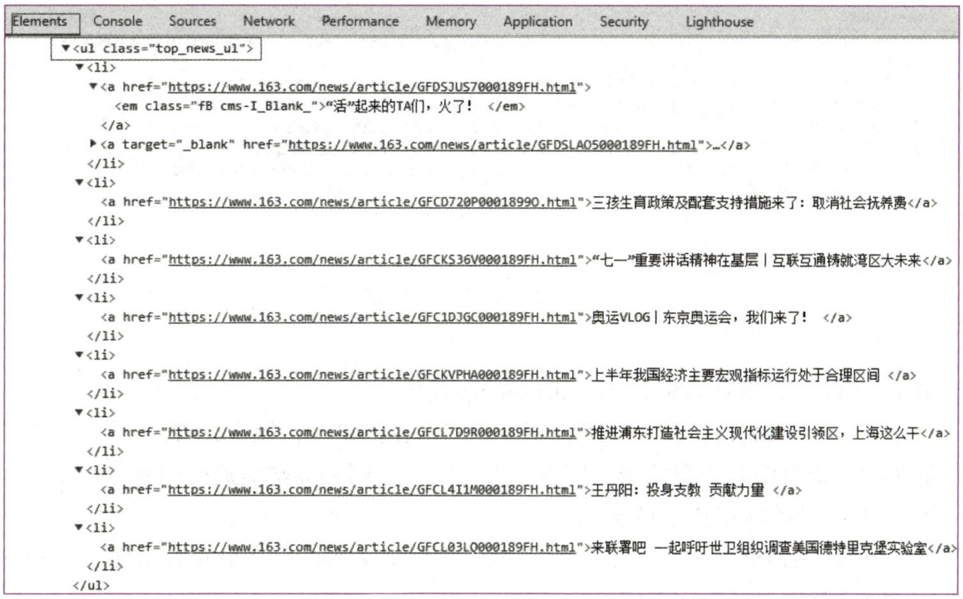

```
Elements   Console   Sources   Network   Performance   Memory   Application   Security   Lighthouse
▼<ul class="top_news_ul">
  ▼<li>
    ▼<a href="https://www.163.com/news/article/GFDSJUS7000189FH.html">
       <em class="fB cms-I_Blank_">"活"起来的TA们，火了！ </em>
     </a>
    ▶<a target="_blank" href="https://www.163.com/news/article/GFDSLAO5000189FH.html">…</a>
   </li>
  ▼<li>
     <a href="https://www.163.com/news/article/GFCD720P00018990.html">三孩生育政策及配套支持措施来了：取消社会抚养费</a>
   </li>
  ▼<li>
     <a href="https://www.163.com/news/article/GFCKS36V000189FH.html">"七一"重要讲话精神在基层｜互联互通铸就湾区大未来</a>
   </li>
  ▼<li>
     <a href="https://www.163.com/news/article/GFC1DJGC000189FH.html">奥运VLOG｜东京奥运会，我们来了！ </a>
   </li>
  ▼<li>
     <a href="https://www.163.com/news/article/GFCKVPHA000189FH.html">上半年我国经济主要宏观指标运行处于合理区间 </a>
   </li>
  ▼<li>
     <a href="https://www.163.com/news/article/GFCL7D9R000189FH.html">推进浦东打造社会主义现代化建设引领区，上海这么干</a>
   </li>
  ▼<li>
     <a href="https://www.163.com/news/article/GFCL4I1M000189FH.html">王丹阳：投身支教 贡献力量 </a>
   </li>
  ▼<li>
     <a href="https://www.163.com/news/article/GFCL03LQ000189FH.html">来联署吧 一起呼吁世卫组织调查美国德特里克堡实验室</a>
   </li>
 </ul>
```

图 7-3　网易新闻 html 层次结构截图

从图 7-3 可以看到，“<ul>”标签下有 8 个“<li>”标签，要解析的数据就是“<a>”标签中的文本和属性 href 的值。程序代码如“解析 html 网页 .py”所示：

```
import  requests
from bs4 import BeautifulSoup#
# 1. 解析网易新闻爬取网页
url='https://news.163.com/'
 header={'user-agent':'Mozilla/5.0 (Windows NT 10.0; Win64; x64) AppleWebKit/537.36 (KHTML, like Gecko) Chrome/91.0.4472.106 Safari/537.36'}
try:
    html=requests.get(url,headers=header)
    html.raise_for_status()  # 抛出网络连接异常
except:
    print(" 未爬取到网页 ")
else:
    # 2. 获取 html 文本
    data=html.text
    # 3. 初始化文本
    soup=BeautifulSoup(data,'lxml')
    # 4. 标签和属性值定位、层级选择器定位
    news=soup.find('ul',{'class','top_news_ul'})
    # print(news)
    # 5. 获取文本和属性值
    news2=news.find_all('li')
    for link in news2:
        print(link.find('a').text,link.find('a')['href'])
finally:
    print(' 爬虫运行结束 ')
```

程序运行结果如图 7-4 所示。

学习笔记

```
3解析html网页
D:\pythonstudy\venv\Scripts\python.exe "D:/pythonstudy/大数据应用基础教材编写/项目七 开发一个网络数据统计工具/3解析html网页.py
“活”起来的TA们，火了！  https://www.163.com/news/article/GFDSJUS7000189FH.html
三孩生育政策及配套支持措施来了：取消社会抚养费 https://www.163.com/news/article/GFCD720P00018990.html
“七一”重要讲话精神在基层丨互联互通铸就湾区大未来 https://www.163.com/news/article/GFCKS36V000189FH.html
奥运VLOG丨东京奥运会，我们来了！  https://www.163.com/news/article/GFC1DJGC000189FH.html
上半年我国经济主要宏观指标运行处于合理区间  https://www.163.com/news/article/GFCKVPHA000189FH.html
推进浦东打造社会主义现代化建设引领区，上海这么干 https://www.163.com/news/article/GFCL7D9R000189FH.html
王丹阳：投身支教 贡献力量  https://www.163.com/news/article/GFCL4I1M000189FH.html
来联署吧 一起呼吁世卫组织调查美国德特里克堡实验室 https://www.163.com/news/article/GFCL03LQ000189FH.html

Process finished with exit code 0
```

图 7-4　程序运行结果

程序解析：

第 1、2 行：加载 requests、BeautifulSoup 模块。

第 6、9、11、23 行：异常处理机制，当网络连接错误，抛出异常。

第 7 行：爬虫伪装为浏览器向服务器发送请求，服务器响应返回内容。

第 13 行：获取响应内容的文本。

第 15 行：初始化文本，第 1 个参数 data 是网页文本，第 2 个参数是使用 lxml 解析器解析，lxml 解析器要提前安装。

第 17 行：find() 方法利用标签“<ul>”和属性值“class=top_news_ul”定位，返回值类型为 bs4.element.Tag。

第 20 行：进一步利用 find_all() 方法解析 8 个标签“<li>”，返回值类型为 bs4.element.ResultSet。

第 22 行：link.find('a').text 获取标签值；link.find('a')['href'] 获取属性值。

7.1.3　解析 json 格式数据

网页数据有时采用 json 格式，json(JavaScript object notation) 是一种轻量级的数据交换格式。json 采用完全独立于语言的文本格式，这些特性使 json 成为理想的数据交换语言，易于人阅读和编写，同时也易于机器解析和生成。json 格式数据特征如下：

① json 是以“名称：值”对方式存储数据，名称和值之间以冒号间隔。

② json 数据由大括号括起来，可以包含多个“名称：值”对，以逗号隔开。

③ json 数据中不仅可以保存对象，还可以保存数组。

④在 json 数据中数组可以保存多个对象，它们以逗号隔开，使 json 数据更加灵活。

⑤ json 数据的“名称：值”中的值可以是多种数据类型，如数字（整数或浮点数）、字符串（在双引号中）、逻辑值（true 或 false）、数组（在方括号中）、对象（在花括号中）和 null。

接下来用程序来解析包含 json 数据的字符串和包含 json 数据的文件，程序代码如“解析 json 格式数据 .py”所示：

```
import json
data1='''
{
  "paramz": {
    "feeds": [
```

学习笔记

```
6          {
7            "id": 299076,
8            "oid": 288340,
9            "category": "article",
10           "data": {
11             "subject": " 荔枝新闻 3.0: 不止是阅读 ",
12             "summary": " 资讯类手机应用 " 荔枝新闻 " 近期推出全新 3.0 版。",
13             "cover": "/Attachs/Article/288340/3e8e2c397c38165_padmini.JPG",
14             "pic": "",
15             "format": "txt",
16             "changed": "2015-09-22 16:01:41"
17           }
18         }
19       ],
20       "PageIndex": 1,
21       "PageSize": 20,
22       "TotalCount": 53521,
23       "TotalPage": 2677
24     }
25   }
26   '''
27   #1.json.loads() 装载 json 字符串数据
28   data=json.loads(data1)
29   #2.json.load() 装载 json 文件
30   with open('json_data.json', 'r', encoding='utf-8-sig') as f:
31       data= json.load(f)
32   #3. 逐层解析 json 数据
33   print(data['paramz']['feeds']) # 解析出第 6 ～ 19 行之间的列表
34   print(data['paramz']['feeds'][0]['id'])   # 解析出 "299076"
35   print(data['paramz']['feeds'][0]['data'][ "changed"])# 解析出 ""2015-09-22 16:01:41""
```

程序解析：

第 1 行：加载 json 模块。

第 2 ～ 26 行：包含 json 数据的字符串。

第 28 行：加载字符串，将 json 格式字符串解码成 Python 对象。

第 30 ～ 31 行：加载文件，将 json 格式文件解码成 Python 对象。

第 33 ～ 35：解析 json 中的值，feeds 键的值是列表码，且该列表只有一个元素，所以列表的索引为 0，json 数据的解析是一层一层，逐层解析。

7.1.4 数据可视化

数据可视化是以图形对数据进行展示，帮助人们快速理解数据，直观高效地洞察大数据背后的信息、知识与智慧。数据可视化的主要目的是：将复杂分析结果以丰富的图表信息的方式呈现重要特征；让决策者精准地洞察数据反映的结果，如趋势、占比等，揭示客观规律，而不需要读取表格；能够加深和强化受众对于数据的理解和记忆；准确而高效、精简而全面地传递信息和知识。

学习笔记

数据可视化常用的工具很多，常用的开源数据可视化工具有 pyecharts、matplotlib、plotly、Bokeh、seaborn 等，从代码量、图表数量、数据格式、参考资料、可交互性、调整复杂度、默认配置美观度等维度比较，pyecharts 可视化性能更为优越。pyechart 可视化图形步骤如下：

步骤 1：引入图表类型。

步骤 2：初始化具体类型图。

步骤 3：添加图表的数据。

步骤 4：设置配置参数。

步骤 5：保存图形。

现利用 pyecharts 对图 7-5 的销售数据可视化为时间线图。

A	B	C	D	E	F	G	H	I	J	K	L	M
**公司产品2010-2020年销售（单位：万元）												
产品	2010	2011	2012	2013	2014	2015	2016	2017	2018	2019	2020	平均
产品A	93	103	113	123	122	120	164	173	189	202	219	147.36
产品B	69	79	89	99	110	115	120	122	123	126	143	108.64
产品C	81	91	101	111	119	120	126	126	140	143	160	119.82
产品D	95	105	115	125	126	129	135	130	150	163	180	132.09
产品E	100	110	120	130	129	135	147	150	168	181	198	142.55
产品F	32	42	52	62	70	90	100	90	105	109	104	77.82
产品G	80	90	100	110	119	121	98	130	146	159	176	120.82
产品H	96	106	116	126	128	130	113	135	153	166	183	132.00
总销售额	646	726	806	886	923	960	1003	1056	1174	1249	1363	

图 7-5　产品销售统计表

程序代码如“产品销售时间线图 .py”所示：

```
# 步骤 1：引入图表类型
from pyecharts import options as opts
from pyecharts.charts import Bar, Timeline
from pyecharts.globals  import  ThemeType
import xlwings as xw                # 导入 xlwings 模块
# 打开一个操作 Excel 的进程
app = xw.App(visible = True, add_book = False)
workbook = app.books.open('./ 产品销售统计表 .xlsx') # 打开指定的 excel 文件
worksheet = workbook.sheets[0]  # 打开第 0 张表
products=[] # 存放产品名称
for row_index in range(3, 11): # 循环范围：3 ～ 10
    product = worksheet.range(f'A{row_index}').value
                                    # 获取 A3 ～ A10 单元格的数据
    products.append(product)
print(products)                     # 输出产品名称，验证数据读取是否正确
# 创建时间线图，并设置 ' 马卡龙 ' 主题风格
# 步骤 2：初始化具体类型图
tl = Timeline(init_opts=opts.InitOpts(theme=ThemeType.MACARONS))
column_index=['B','C','D','E','F','G','H','I','J','K','L']
for column in list(column_index): # 年份从小到大
    year = worksheet.range(f'{column}2').value # 获取从 B2 ～ L2 的值
```

学习笔记

```
21        values = []
22        for row in range(3, 11):
23            value=worksheet.range(f'{column}{row}').value
                                                # 获取指定单元格的值
24            values.append(value)
25    # 设置柱形图的主题风格为明亮风格
26    # 步骤 2：初始化具体类型图
27    bar = Bar(init_opts=opts.InitOpts(theme=ThemeType.LIGHT))
                                                # 创建柱形图
28    # 步骤 3：添加图表的数据
29    bar.add_xaxis(products)           # 设置 X 轴坐标值
30    bar.add_yaxis("万元", values)     # 设置 Y 轴坐标值
31    # bar.reversal_axis()             # 坐标翻转，绘制条形图
32    # 步骤 4：设置配置参数
33    bar.set_global_opts(title_opts=opts.TitleOpts(f'产品销售{int(year)}年金额'))
34    tl.add(bar, f"{int(year)}年")    # 将柱形图添加到时间线图中
35    # 步骤 5：保存图形
36    tl.render("产品销售时间线图.html") # 生成图像，图像的数据格式是 html
37    workbook.close()                            # 关闭 excel 工作簿
38    app.quit()                                  # 退出 excel 进程
```

程序运行结果如图 7-6 所示，点击事件按钮，图形轮番显示 2010 ～ 2020 年之间每一年的销售图形。

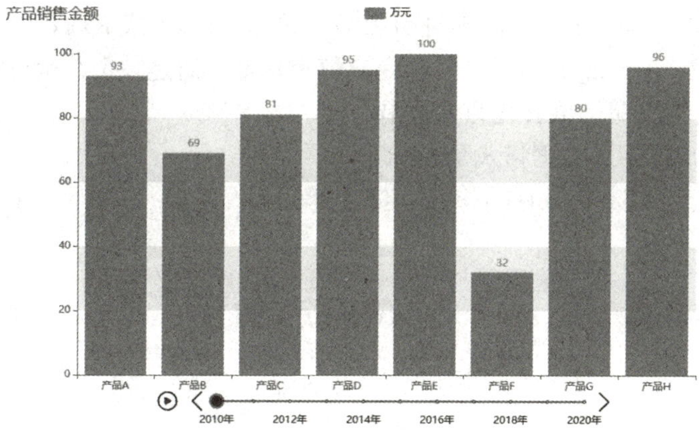

图 7-6　产品销售时间线图

程序解析

第 2 ～ 4 行：加载 pyechart 模块。

第 5 行：加载 xlwings 模块，xlwings 是 Python 的一个第三方库，用于 Python 操作 Excel，相比 VBA 操作 Excel 更加灵活，缺点速度不够快。

第 7 行：打开一个操作 Excel 的进程，第一个参数 visible 作用是控制这个进程是否显示在前台，设置为 False 进程将只会在后台运行，打开任务管理器查看到 Excel 进程；设置为 True 时在运行程序时下方任务栏有一个 Excel 一闪而过。

学习笔记

第 8 行：打开指定的 Excel 文件。

第 9 行：打开第 0 张表，Excel 工作簿有多张表，索引从 0 开始。

第 12 行：worksheet.range(' 指定单元格 ').value 获取工作表中指定单元格的值，返回值自动转化为 str 或 float。

第 17 行：创建 Timeline 时间线图，也称时间轮播图，把数据以时间作为唯一变量，在不同时间点下其他数据条目是不一样的，一个时间点可以绘制一张可视化图表，把全部的可视化图表一帧一帧连接起来，通过帧与帧之间的数据差值变化，最终形成动态图效果。

利用初始化配置项设置 ' MACARONS(马卡龙)' 主题风格。

第 18 行：利用循环获取从 B2 ～ L2 的值，即获取 2010 ～ 2020 年份。

第 23 ～ 24 行：获取 Excel 表中的销售数据。

第 27 行：创建柱形图。

第 29 ～ 30 行：设置柱形图 X 轴坐标值和 Y 轴坐标值。

第 27 行：翻转坐标，绘制条形图。

第 33 行：利用全局配置参数设置标题。

第 34 行：将柱形图添加到时间线图中。

f"{int(year)} 年 " 是字符串处理方法 f-string 格式化，亦称为格式化字符串常量（formatted string literals），是 Python 3.6 新引入的一种字符串格式化方法，主要目的是使格式化字符串的操作更加简便。

f-string 在形式上是以 f 或 F 修饰符引领的字符串（f'xxx' 或 F'xxx'），以大括号 {} 标明被替换的字段；f-string 在本质上并不是字符串常量，而是一个在运行时运算求值的表达式，可以将传递变量的值转化为字符串。

第 36 行：生成图形，数据格式是 html。

第 37 ～ 38 行：关闭 Excel 工作簿，退出进程。

7.2 知识点总结

7.2.1 爬取网页

视频

爬虫

爬取网络数据又称网络爬虫，是一种按照一定的规则，自动地抓取网络数据的程序或者脚本。爬虫爬取的数据是网络上的公开数据，没有访问权限的网站后台数据和不能公开的用户注册数据不能爬取。爬虫向服务器发送一个 http 请求，服务器接收到请求后返回响应内容中的整个网页源代码。爬虫广泛用于采集网络数据，其基本工作流程如下：

①获取初始的 URL，该 URL 地址是用户选择的爬取初始网页。

②爬取对应的 URL 地址的网页时，获取新的 URL 地址。

③将新的 URL 地址放入 URL 队列中。

④从 URL 队列中读取新的 URL，然后依据新的 URL 爬取网页，同时从新的网页

中获取新的 URL 地址，重复上述爬取过程。

⑤设置停止条件，如果没有设置停止条件，爬虫会一直爬下去，直到无法获取新的 URL 地址为止。设置了停止条件后，爬虫满足条件时停止爬取。

通用的爬虫的基本工作流程如图 7-7 所示。

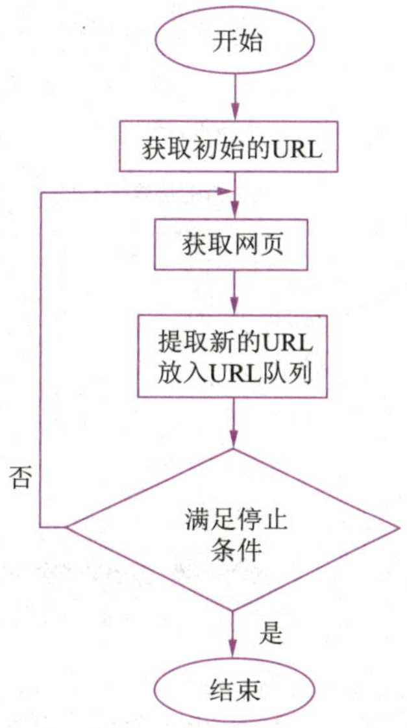

图 7-7　通用的爬虫的基本工作流程

可以使用内置的 urllibs 或第三方库 requests。requests 库比 urllibs 库使用更加便捷，requests 是基于 Python 开发的 HTTP 模块，requests 是在 urllib 基础上进行了高度封装。requests 的特征如下：

① Keep-Alive & 连接池。

②国际化域名和 URL。

③带持久 Cookie 的会话。

④浏览器式的 SSL 认证。

⑤自动内容解码。

⑥基本 / 摘要式的身份认证。

⑦优雅的 key/value Cookie。

⑧自动解压。

⑨ Unicode 响应体。

⑩ HTTP(S) 代理支持。

⑪文件分块上传。

⑫流下载。

⑬连接超时。

⑭分块请求。

requests.get() 用于请求目标网站，请求函数构建一个 requests 类型的对象，该对象将被发送到服务器上请求资源，一旦得到服务器的响应，就会产生 Response 对象，该对象包含服务器返回的所有信息。

```
import requests
response1 = requests.get('http://www.baidu.com')
print(response1.status_code) # 打印状态码,200表示链接成功,404表示失败。
print(response1.url)              # 打印请求url
print(response1.headers)          # 打印头信息
print(response1.cookies)          # 打印 cookie 信息
print(response1.text)             # 以文本形式打印网页源码
print(response1.content) # 以字节流形式打印，应用于图像、视频等二进制文件
```

requests 提供了 params 关键字参数来传递参数。如：

```
import requests
parameter = {
            "key1":"value1",
            "key2":"value2"
            }
response2 = requests.get("http://httpbin.org/get",params = parameter)
print(response2.url)  # http://httpbin.org/get?key1=value1&key2=value2
```

学习笔记

用 Chrome 浏览器打开 360 搜索“python”，要求爬取搜索结果的前 10 页，从图 7-8 可以发现，搜索关键词“q=python”，爬取页码“pn=2”，可以用“q”和“pn”两个变量传递搜索关键词和页码，不同的网页传递参数的变量不一样，需要通过浏览器查看。程序代码如“爬取连续多个网页 .py”所示：

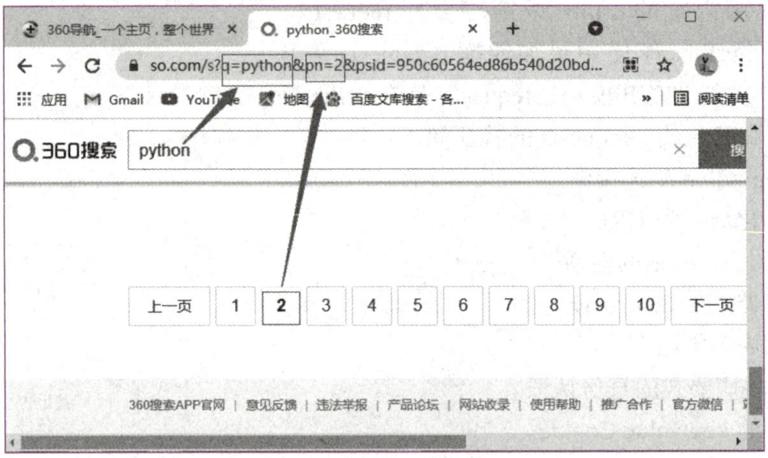

图 7-8　利用参数爬取多个网页

```
import requests
#header 是请求伪装，把爬虫伪装成浏览器
 header={'User-Agent':'Mozilla/5.0 (Windows NT 10.0; Win64; x64) AppleWebKit/537.36 (KHTML, like Gecko) Chrome/91.0.4472.124 Safari/537.36'}
url='https://www.so.com/s' # 爬取网页的网址
for i in range(1,11):
    param={'q':'python','pn':i}    # 参数
    try:
        r=requests.get(url,params=param,headers=header)
        r.raise_for_status()   # 抛出网络连接异常
    except:
        print(" 未爬取到网页 ")
    else:
        print(f' 正在保存第 {i} 页 ')
        with open(f' 第 {i} 页 .html', 'w', encoding='utf-8') as file:
            file.write(r.text)
    finally:
        print(f' 爬完第 {i} 页 ')
```

程序运行完成后，会生成 10 个网页文件，控制台会输出爬取进展。

jieba 是优秀的中文分词第三方库，由于中文文本之间每个汉字都是连续书写的，我们需要通过特定的手段来获得其中的每个词组，这种手段叫作分词，我们可以通过 jieba 库来完成这个过程。jieba 分词的三种模式：精确模式、全模式、搜索引擎模式。

① jieba.cut(s) 精确模式：把文本精确地切分开，不存在冗余单词。

② jieba.lcut(s,cut_all=True) 全模式：把文本中所有可能的词语都扫描出来，有冗余。

③ jieba.lcut_for_search(s) 搜索引擎模式：在精确模式基础上，对长词再次切分。

学习笔记

使用 pyinstaller 打包文件：pyinstaller-Fc:\...\your_python_file.py

7.2.2　解析数据

BeautifulSoup 也是一个 HTML/XML 的解析器，主要的功能是如何解析和提取 HTML/XML 数据。BeautifulSoup 支持 Python 标准库中的 HTML 解析器，还支持一些第三方的解析器，如果没有安装，则 Python 会使用 Python 默认的解析器。lxml 解析器更加强大，速度更快，推荐使用 lxml 解析器。BeautifulSoup4 主要解析器及优势见表 7-1。

表 7-1　BeautifulSoup4 主要解析器及优势

解析器	使用方法	优势
Python 标准库	BeautifulSoup(markup,'html.parser')	Python 的内置标准库、执行速度适中、文档容错能力强
lxml HTM 解析器	BeautifulSoup(markup,'lxml')	速度快、文档容错能力强
lxml XML 解析器	BeautifulSoup(markup,'xml')	速度快、唯一支持 XML 的解析器
html5lib	BeautifulSoup(markup,'html5lib')	最好的容错性，以浏览器的方式解析文档，生成 HTML5 的格式文档

BeautifulSoup 支持的方法见表 7-2。

表 7-2　Beautiful Soup 支持的方法

方法名	作用
find	获取单个节点
find_all	获取所有
name	可以是正则表达式，可以是标签名称，可以是标签的列表 ['a','img']
attrs	字典类型，跟标签的属性值

CSS 选择器是另一种与 find_all() 方法有异曲同工之妙的查找方法，写 CSS 时标签名不加任何修饰，用到的方法是 soup.select()，返回类型是 list，见表 7-3。

表 7-3　CSS 选择器

表达式	说明
*	选择所有节点
#container	选择 id 为 container 的节点
.containe	选取所有 class 包含 container 的节点
li a	选取所有 li 下的所有 a 节点
div#container > ul	选取 id 为 container 的 div 的 ul 子元素
a[href="http://jobbole.com"]	选取所有 href 属性为 jobbole.com 值的 a 元素
div:not(#container)	选取所有 id 非 container 的 div 属性
li:nth-child(3)	选取第三个 li 元素

BeautifulSoup 自动将输入文档转换为 Unicode 编码，输出文档转换为 utf-8 编码。不需要考虑编码方式，除非文档没有指定一个编码方式。

接下来利用 BeautifulSoup 解析器解析一段 html 代码，程序代码如“解析 HTML 格

式数据 .py”：

```
from bs4 import BeautifulSoup
html = """
  <html>
    <head>
       <title>The Dormouse's story</title>
    </head>
    <b><!--Hey, buddy. Want to buy a used parser?--></b>
    <body>
      <p class="title"><b>The Dormouse's story</b></p>
      <p class="story">Once upon a time three little sisters' names were
         <a href="http://example.com/elsie" class="sister" id="link1">Elsie</a>
         <a href="http://example.com/lacie" class="sister" id="link2">Lacie</a> and
         <a href="http://example.com/tillie" class="sister" id="link3">Tillie</a>
         and they lived at the bottom of a well.</p>
            <p class="story">bs4 解析网页 </p>
"""
# 1.初始化
soup = BeautifulSoup(html, 'lxml')
# 2.格式化文本
print(soup.prettify())
# 3.标签和属性值定位
result=soup.find('title')
print(result)  #<title>The Dormouse's story</title>
result=soup.find('p',{'class','story'})
print(result)
result=soup.find_all('p',{'class','story'}) #返回值是列表
print(result)
# 4 层级选择器定位
result=soup.select('html>head>title')
print(result)
result=soup.select('html>body')
print(result)
result=soup.select('html>body>p>a') #返回值也是列表
print(result)
# 5.获取标签之间的文本：soup.a.text/string/get_text()
# text/get_text()：可以获取某一个标签中所有的文本内容
# string：只可以获取该标签下面直系的文本内容
result=soup.find('title')
print(result.string)
result = soup.select('html>body>p>a')
for link in result:
    print(link.string)
    print(link.text)
    print(link.get_text())
```

学习笔记

```
# 6. 获取标签中的属性值
result = soup.select('html>body>p>a')
for link in result:
    print(link['href'],link['class'])
```

7.2.3　解析 json 数据

其实 json 数据就是一段字符串而已，只不过有不同意义的分隔符将其分隔开来而已，里面有 []、{} 等符号，其中：[] 中括号代表的是一个数组。{} 大括号代表的是一个对象。双引号 “” 表示的是属性值。冒号代表的是前后之间的关系，冒号前面是属性的名称，后面是属性的值，这个值可以是基本数据类型，也可以是引用数据类型。

在解析 json 数据之前，先用 json.loads() 加载字符串，将 json 格式字符串解码成 Python 对象。json.load() 加载文件，将 json 格式文件解码成 Python 对象，然后是一层一层，逐层解析。这时应该可以看出，JSON 可以非常方便的表达字典这个数据结构。

下面以抓取 json 格式的股票价格为例实践解析网页中的 json 数据（见图 7-9），从图 7-10 是利用工具解析了其中 json 格式的具体内容。

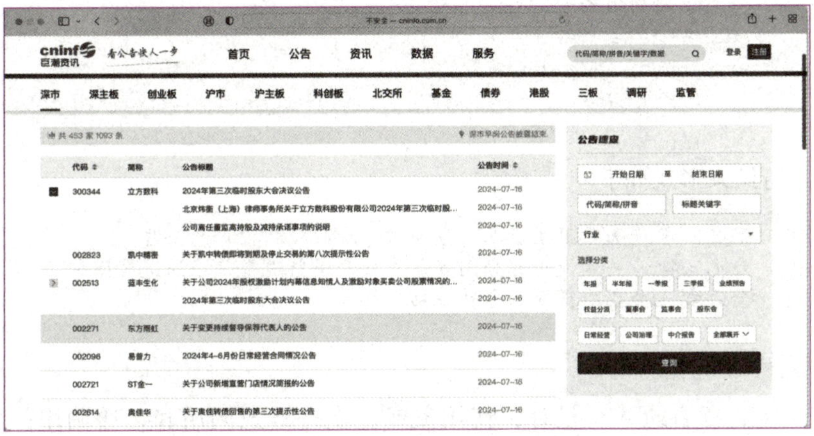

图 7-9　利用 json 数据表达规范格式的公告信息

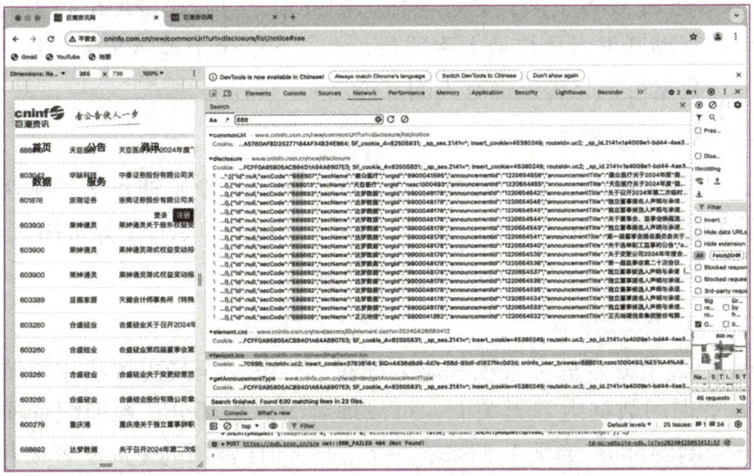

图 7-10　网页中 json 数据的具体内容

学习笔记

通过程序爬取股票公告的代码、简称和标题数据，程序代码如下：

```
#1. 加载模块
import requests
import json
 header={'User-Agent':'Mozilla/5.0 (Windows NT 10.0; Win64; x64) AppleWebKit/537.36 (KHTML, like Gecko) Chrome/91.0.4472.77 Safari/537.36'}
 url='http://www.cninfo.com.cn/new/commonUrl?url=disclosure/list/notice#XX'
try:
    # 2. 请求数据
    response=requests.get(url,headers=header)
    response.raise_for_status()  # 抛出网络连接异常
except:
    print(" 未爬取到网页 ")
else:
    data_json=json.loads(response.text) # 加载 json 数据
    # 3. 解析数据
    data=data_json['data']
    for msg in data:
        print(msg['secCode'],msg['secName'],msg['announcementTitle'])
```

程序运行结果形式如下：

```
002648  卫星化学  关于卫星能源三期项目一阶段顺利投产的公告
301335  天元宠物  关于使用部分闲置募集资金进行现金管理的进展公告
002626  金达威  关于取得发明专利证书的公告
```

7.2.4 数据可视化

pyecharts 是简洁的 API 设计，使用流畅，支持链式调用和普通调用；囊括了 30 多种常见图表；支持主流的 Jupyter Notebook 和 pycharm 环境；可轻松集成至 Flask、Sanic、Django 等主流 Web 框架；高度灵活的配置项，可轻松搭配出精美的图表；详细的文档和示例，帮助开发者更快地上手项目；多达 400 余个地图文件，并且支持原生百度地图，为地理数据可视化提供强有力的支持。

1. pyecharts 数据格式

pyecharts 只支持 Python 基本数据类型，直角坐标系的 X 轴和 Y 轴常用列表数据，饼图、漏斗图和地图常用 zip() 生成的数据，桑基图、树图和旭日图等常用 json 格式数据。pyecharts 不直接支持 pandas 和 numpy 数据格式。

2. pyecharts 配置参数

pyecharts 配置项分全局配置项和系列配置项，其中全局配置项作用域为整个图表（与具体需要呈现的数据内容无关），可以理解为静态部分；系列配置项作用范围为基于数据动态绘制的部分。首先我们来看一下 pyecharts 常用的全局配置项和功能列表，见表 7-4。

学习笔记

表 7-4　pyecharts 全局配置项

序号	类	名　称	主要功能
1	pyecharts.options.InitOpts	初始化配置项	尺寸、主题样式
2	pyecharts.options.ToolboxOpts	工具箱配置项	是否显示、位置、工具箱
3	pyecharts.options.TitleOpts	标题栏配置项	标题、副标题、链接
4	pyecharts.options.LegendOpts	图例配置项	设置图例参数
5	pyecharts.options.DataZoomOpts	区域缩放配置项	控制图表缩放
6	pyecharts.options.TooltipOpts	提示框配置项	鼠标滑过后弹出的提示信息
7	pyecharts.options.VisualMapOpts	视觉映射配置项	
8	pyecharts.options.AxisOpts	坐标轴配置项	X 轴参数、Y 轴参数

表 7-5　pyecharts 系列配置项

序号	类	名　称	主要功能
1	pyecharts.options.MarkLineOpts-	标记线配置项	—
2	pyecharts.options.MarkPointOpts	标记点配置项	—
3	pyecharts.options.LineStyleOpts	线风格配置项	带线图形的线的风格选项 (Line、Polar、Radar、Graph、Parallel)
4	pyecharts.options.LabelOpts	文本标签配置项	用于说明图形的一些数据信息，比如值，名称等

pyecharts 配置参数效果如图 7-11 所示。

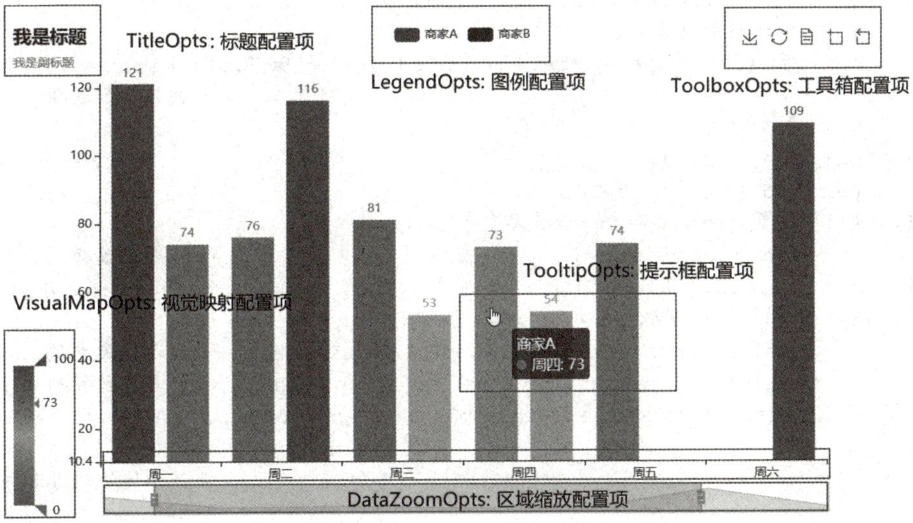

图 7-11　pyecharts 配置参数效果

了解了各配置项的类、名称、功能和位置之后，我们结合一个具体的案例，来学习一下各个配置项的配置方法。针对图 7-5 中的销售统计，可视化 10 年平均销售额，要求效果如图 7-12 所示。

学习笔记

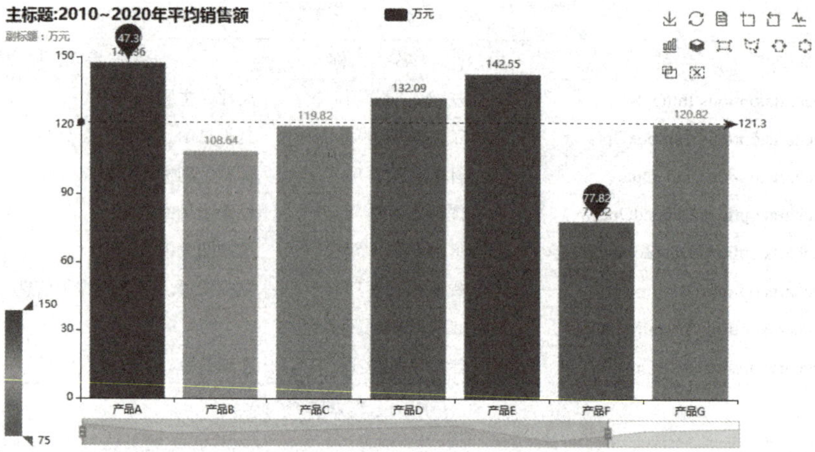

图 7-12　产品 10 年平均销售额

程序代码：

```
# 1. 加载 pyecharts，选择图型
import pyecharts.options as opts
from pyecharts.charts import Bar
# 2. 准备数据
x=['产品A','产品B','产品C','产品D','产品E','产品F','产品G','产品H']
y=[147.36,108.64,119.82,132.09,142.55,77.82,120.82,132.00]
# 3. 创建图形对象
bar=Bar(init_opts=opts.InitOpts(width='900px',height='500px'))
                                                  # 初始化配置项
# 4. 添加数据
bar.add_xaxis(x)
bar.add_yaxis("万元", y)
# 5. 设置 global 和 series 参数
bar.set_global_opts(                              # 标题配置项
        opts.TitleOpts(title='主 标 题 :2010 ～ 2020 年 平 均 销 售额',subtitle='副标题：万元'),
      tooltip_opts=opts.TooltipOpts(is_show=True),# 提示框配置项
      toolbox_opts=opts.ToolboxOpts(is_show=True),# 工具箱配置项
      datazoom_opts=opts.DataZoomOpts(is_show=True, # 区域缩放配置项
                                 range_start=0,
                                                  # 显示区域的开始位置
                                 range_end=80,
                                                  # 显示区域的结束位置
                                 orient='horizontal',# 方向
                                 ),
      visualmap_opts=opts.VisualMapOpts(          # 视觉映射配置项
          is_show=True,
          # 指定 visualMapPiecewise 组件的最小值
          min_=75,
          # 指定 visualMapPiecewise 组件的最大值
          max_=150,
```

```
    )
)
bar.set_series_opts(
    markpoint_opts=opts.MarkPointOpts(        # 标记点配置项
        data=[opts.MarkPointItem(type_="max", name=" 最大值 "),
             opts.MarkPointItem(type_="min", name=" 最小值 ")
              ]
    ),
    markline_opts=opts.MarkLineOpts(          # 标记点配置项
        data=[opts.MarkLineItem(
            type_="average", name=" 平均值 ")
        ]
    )
)
# 6. 渲染图型
bar.render('./pyecharts 常用配置项 .html')
```

3. pyecharts 图表主题样式

pyecharts 图表主题样式提供了 15 种主题样式，主题样式特点如下：

CHALK = 'chalk' # 粉笔风，就像是在黑板上写粉笔。

DARK = 'dark' # 暗黑风，将背景更换成黑色，且整体色调偏暗灰感。

ESSOS = 'essos' # 厄索斯，色调源于《权力的游戏》中的厄索斯大陆。

INFOGRAPHIC = 'infographic' # 信息图，颜色鲜明，亮眼突出，可见该主题属于组合式色调。

LIGHT = 'light' # 明亮风格。

MACARONS = 'macarons' # 马卡龙。

PURPLE_PASSION = 'purple-passion' # 紫色激情。

ROMA = 'roma' # 石榴。

ROMANTIC = 'romantic' # 浪漫风。

SHINE = 'shine' # 闪耀风。

VINTAGE = 'vintage' # 复古风，所有颜色有种旧旧的感觉，色彩偏黄。

WALDEN = 'walden' # 瓦尔登湖，瓦尔登湖色彩系列。

WESTEROS = 'westeros' # 维斯特洛大陆。

WHITE = 'white' # 洁白风。

WONDERLAND = 'wonderland' # 仙境，清新的绿色是仙境的标识性色系。

4. pyecharts 图表类型

pyecharts（v1.7.2）支持的图表类型有 30 多种。图表共分为五种类型：基本图表、直角坐标系图表、地理位置图表、树形图表和 3D 图表。具体的图表类型和分类关系如图 7-13 所示。

学习笔记

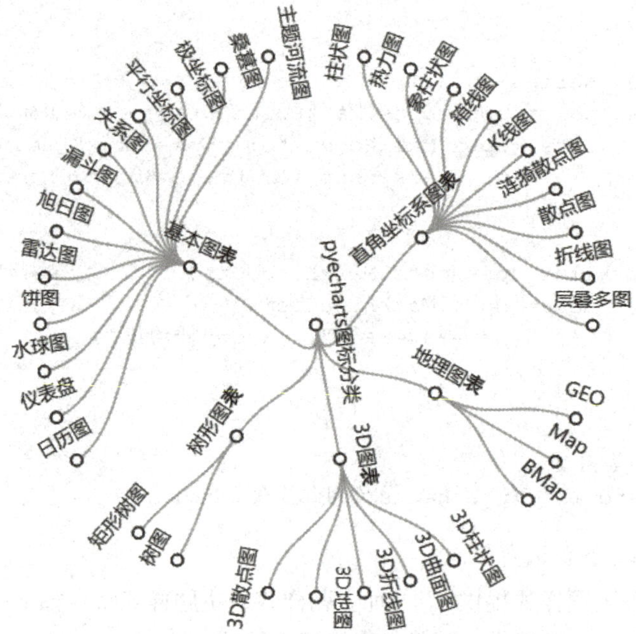

图 7-13　pyecharts 图形分类

用程序生成 pyecharts 图形分类，关键是要构造 json 数据。程序代码如下：

```
from pyecharts import options as opts
from pyecharts.charts import Tree
import json
chart='''
{
 "name": "pyecharts 图表分类",
 "children": [
    {
   "name": "直角坐标系图表",
   "children": [
    {"name": "柱状图"},
    {"name": "热力图"},
    {"name": "象柱状图"},
    {"name": "箱线图"},
    {"name": "K 线图"},
    {"name": "涟漪散点图"},
    {"name": "散点图"},
    {"name": "折线图"},
    {"name": "层叠多图"}
   ]
  },
  {
   "name": "地理图表",
   "children": [
    {"name": "GEO"},
```

学习笔记

```
          {"name": "Map"},
          {"name": "BMap"}
        ]
      },
      {
        "name": "3D图表",
        "children": [
          {"name": "3D柱状图"},
          {"name": "3D曲面图"},
          {"name": "3D折线图"},
          {"name": "3D地图"},
          {"name": "3D散点图"}
        ]
      },
      {
        "name": "树形图表",
        "children": [
          {"name": "树图"},
          {"name": "矩形树图"}
        ]
      },
      {
        "name": "基本图表",
        "children": [
          {"name": "日历图"},
          {"name": "仪表盘"},
          {"name": "水球图"},
          {"name": "饼图"},
          {"name": "雷达图"},
          {"name": "旭日图"},
          {"name": "漏斗图"},
          {"name": "关系图"},
          {"name": "平行坐标图"},
          {"name": "极坐标图"},
          {"name": "桑葚图"},
          {"name": "主题河流图"}
        ]
      }
    ]
  }
  '''
  data= json.loads(chart)
  c = (
      Tree()  # 创建图例
      .add("",
          data=[data],  # 添加数据
          pos_top="18%",
          pos_bottom="14%",
          layout="radial",
```

学习笔记

```
                symbol="emptyCircle",
                symbol_size=7,)
        .set_global_opts(   # 设置提示框配置项
            tooltip_opts=opts.TooltipOpts(trigger="item", trigger_on="mousemove")
        )
)
c.render('pyecharts 图型分类 .html')
```

pyecharts 图表丰富，请可视化 2010 年与 2020 年销售对比折线图，图形如图 7-14 所示。

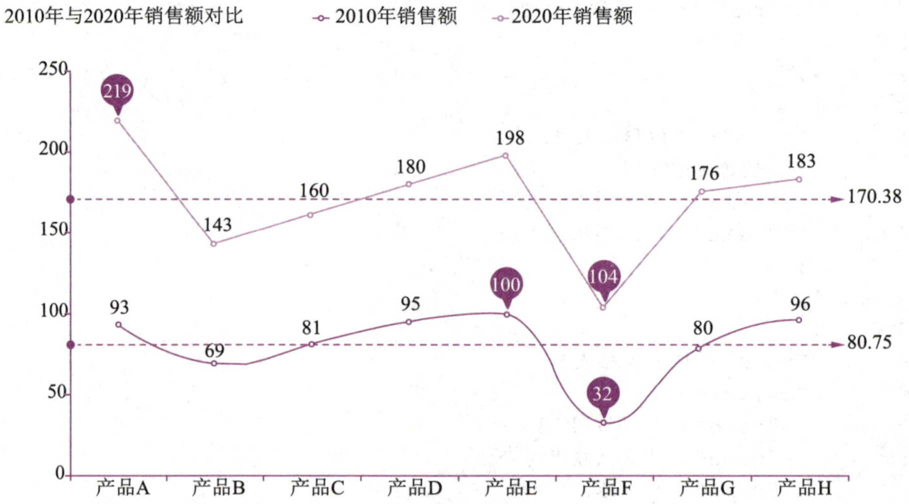

图 7-14　2010 年与 2020 年销售对比折线图

```
import pyecharts.options as opts
from pyecharts.charts import Line
attr =['产品A','产品B','产品C','产品D','产品E','产品F','产品G','产品H',]
v1 =[93,69,81,95,100,32,80,96]
v2 =[219,143,160,180,198,104,176,183]
line =Line()# 初始化图表
line.add_xaxis(attr)
 line.add_yaxis("2010 年销售额 ",  v1,is_smooth=True)# 加入 2010 年销售额，设置平滑曲线
line.add_yaxis("2020 年销售额 ",  v2,itemstyle_opts=opts.ItemStyleOpts(
            color = "#6f7de3"
        )
)
line.set_series_opts(
    markpoint_opts=opts.MarkPointOpts(
        data=[opts.MarkPointItem(type_="max", name=" 最大值 "),
             opts.MarkPointItem(type_="min", name=" 最小值 ")
              ]
    ),
    markline_opts=opts.MarkLineOpts(
        data=[opts.MarkLineItem(
```

学习笔记

```
                type_="average", name=" 平均值 ")
            ]
        )
)
line.set_global_opts(
    title_opts=opts.TitleOpts(title='2010 年与 2020 年销售额对比 '),
)
line.render(" 折线图 .html")# 输出图形
```

请可视化 2010 年至 2020 年销售总额，图形如 7-15 所示。

图 7-15　销售总额

代码：

```
# 导入 WordCloud 及配置模块
from pyecharts import options as opts
from pyecharts.charts import WordCloud
from pyecharts.globals import SymbolType
from pyecharts.globals import ThemeType
# 添加词频数据
words = [
    ("10792 万元 ", 10000),
    ("2010 ～ 2020 年销售总额 ", 1000),
]
# WordCloud 模块，链式调用配置，最终生成 html 文件
c = (
    WordCloud(init_opts=opts.InitOpts(theme=ThemeType.PURPLE_PASSION))
        .add("", words, word_size_range=[20, 100], shape=SymbolType.DIAMOND)
    .set_global_opts(title_opts=opts.TitleOpts(title=""))
    .render(" 销售总额词云图 .html")
)
```

pyecharts 为提升可视化展示效果，可以将多种图形组合到一起，常见的图形组合方法有：Grid 组合组件、Page 页面组件、Tab 分页组件、TimeLine 时间线图。也可将多个图形叠加 overlap() 到一起，如把柱状图和折线图叠加到一张图中。

在 Python 里面绘图，我们也可调用 turtle（海龟）库，完成创作。这个库很强大，能绘制很多图片，可以是动态的，也可以是静态的。常用函数有：

- 绘制状态函数：pendown()、penup()、pensize() 以及对应别名为 pd()、pu()、width()。
- 颜色控制函数：color()、pencolor()、begin_fill()、end_fill()。
- 运动控制函数：forward()、backward()、right()、left()、setheading()、goto()、circle()

学习笔记

以及对应别名 fd、bk()、rt()、lt()、seth()。

7.3 实践训练：爬取天气数据并用图表展示

实践目标：

按要求爬取北京天气的数据并用图表展示。

实践要求：

爬取北京天气后报的数据（见图 7-16）并可视化每天最高气温和最低气温，项目分四步完成：

①分析数据源并获取数据源网址。

②爬取北京 2023 年全年的天气数据并保存为 csv 文件。

③可视化 2023 年北京全年每天的最高气温走势和最低气温走势。

④可视化每月天气情况。

参考提示：

（1）分析数据源并获取数据源网址。

用谷歌浏览器打开天气后报 1 月份数据网页，鼠标右击网页中的数据，在弹出的快捷菜单中选择“检查”命令，即可看到谷歌开发者工具。可以借助谷歌开发者工具进行网页调试，来查看网页 html 代码、css 样式、http 请求、运行 js 等。开发者工具面板上包含了元素、控制台、源代码 / 来源、网络、性能、内存、应用、安全、Audits 面板。如图 7-17 所示，面板的功能及使用说明如下：

日期	天气状况	最低气温/最高气温	风力风向(夜间/白天)
2023年01月01日	多云 /多云	-7℃ / 5℃	东北风 1-2级 /北风 1-2级
2023年01月02日	晴 /晴	-8℃ / 3℃	北风 1-2级 /西风 1-2级
2023年01月03日	晴 /晴	-8℃ / 4℃	南风 1-2级 /东北风 1-2级
2023年01月04日	晴 /晴	-8℃ / 5℃	西南风 1-2级 /西南风 1-2级
2023年01月05日	多云 /多云	-6℃ / 5℃	西南风 1-2级 /西南风 1-2级
2023年01月06日	晴 /晴	-6℃ / 8℃	西北风 1-2级 /北风 1-2级
2023年01月07日	晴 /晴	-6℃ / 7℃	东南风 1-2级 /东南风 1-2级
2023年01月08日	晴 /晴	-5℃ / 12℃	东北风 1-2级 /东北风 1-2级
2023年01月09日	晴 /晴	-6℃ / 6℃	南风 1-2级 /南风 1-2级

图 7-16　北京天气后报 1 月份数据

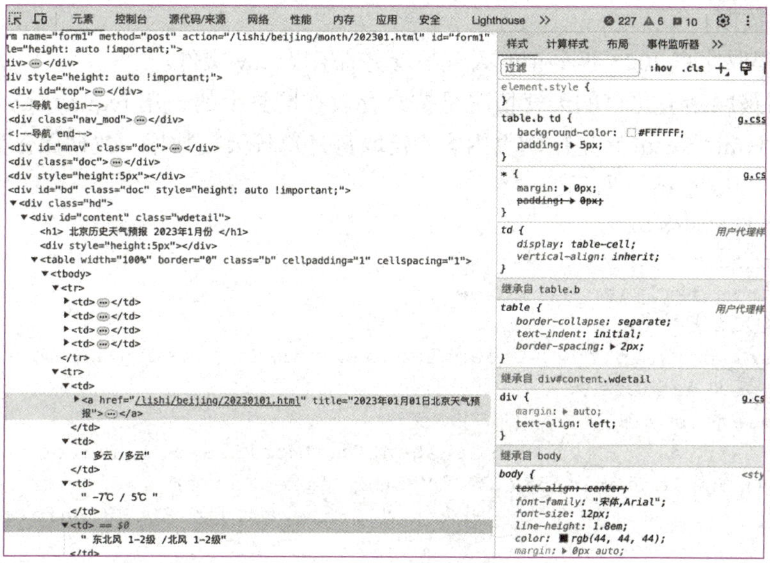

图 7-17　谷歌开发者面板

元素：查找网页源代码，实时编辑 DOM 节点和 CSS 样式，修改的效果会立即显示在浏览器中，极大地方便了前端的调试。

控制台：输出开发过程中的日志信息，一般通过 js 命令行【console.log()】【console.error()】可以输出日志。

源代码 / 来源：断点调试 JS。

性能：它的作用就是记录与分析应用程序运行过程中所产生的活动，更多的是用在性能优化方面。

内存：堆栈快照、JavaScript 函数内存分配、隔离内存泄漏。

应用：记录网站加载的所有资源信息，包括存储数据（Local Storage、Session Storage、IndexedDB、Web SQL、Cookies）、缓存数据、字体、图片、脚本、样式表等。

安全：可以去调试网页安全和认证等问题，确保你的网站上实现 HTTPS（判断网页安全性）。

网络：从发起网页页面请求 Request 后，分析 HTTP 请求得到的各个请求资源信息（包括状态、资源类型、大小、所用时间等），可以根据这个进行网络性能优化。

选择“Network”→“Fetch/XHR”命令：

Header：列出资源的 HTTP 头信息，包括请求 url、HTTP 方法、响应状态码、请求头和响应头及它们各自的值、请求参数等等。

Preview：预览面板，据你所选择的资源类型（json、图片、文本）显示相应的预览。

Response：显示 HTTP 的 Response 信息，响应信息面板包含资源还未进行格式处理的内容。

cookie：显示资源 HTTP 的 Request 和 Response 过程中的 Cookies 信息。

Timing：资源请求的详细信息花费时间。

从图 7-20 中可以发现，数据是网页 table 标签格式，table 标签格式下的 tr 标签就是

学习笔记

一天的天气数据。

（2）爬取北京 2023 年全年的天气情况并保存为 csv 文件。

天气后报网站上北京的天气情况是按月存放在网页上的，用 requests.get() 来获取网页源码，用 lxml、xpath 来定位网页内容，爬取每月每日天气数据，数据保存为 csv 格式，程序代码如“天气 .py”所示：

```
# 引用模块
import requests
from lxml import etree
# 定义基础 url
url_h='http://www.tianqihoubao.com/lishi/beijing/month/'
# 定义 headers 头
headers = {
            "User-Agent": "Mozilla/5.0 (Windows NT 10.0; Win64; x64) AppleWebKit/537.36 (KHTML, like Gecko) "
                          "Chrome/87.0.4280.88 Safari/537.36"
      }
str1=''
# 对全年 12 个月进行循环
for i in range(1,13):
    # 获取每个月天气数据的 url
    url=url_h+str(202300+i)+'.html'
    # 获取网页数据
    req = requests.get(url, headers=headers)
    html = etree.HTML(req.text)
    # 利用 lxml 和 xpath 对数据表进行定位，定位到行
    table1=html.xpath("//div[@class='wdetail']/table/tr")
    # 对每行的数据用 xpath 进行定位并获取，
    for tr1 in table1[1:]:
        str1=str1+tr1.xpath('normalize-space(./td/a/text())')+','
        str1=str1+tr1.xpath('normalize-space(./td[2]/text())')+','
        str1=str1+tr1.xpath('normalize-space(./td[3]/text())')+','
        str1=str1+tr1.xpath('normalize-space(./td[4]/text())')+'\n'
# 把爬取的数据保存到文件
with open('weather.csv', 'w') as f:
    f.write(str1)
```

（3）可视化天气数据。

对爬取的天气数据气温列进行分析清洗，生成每天最高气温和最低气温两列，并对每月的最高气温和最低气温平均值可视化柱状图、散点图，对 2023 年北京全年的最高气温和最低气温可视化折线图，利用 Grid 组合成一张大屏图，通过 GridOpts 设置子图的位置。

```
grid=Grid()
grid.add(bar1,grid_opts=opts.GridOpts( pos_left='4%',pos_right='67%',pos_bottom='51%'))
```

参数的作用如下：

pos_top，组件离容器顶部的距离，字符串或整型。默认 None，有 'top''center''middle',

也可是百分数或整数。

pos_bottom，组件离容器底部的距离，字符串或整型。默认 None，有 'top"center"middle'，也可是百分数或整数。

pos_left，组件离容器左边的距离，字符串或整型。默认 None，有 'left"center"right，也可是百分数或整数。

pos_right，组件离容器右边的距离，字符串或整型。默认 None，有 'left"center"right'，也可是百分数或整数。

可视化北京 2023 年气温程序如“可视化北京 2023 年气温 .py”所示：

```
# 引入所需模块
import pandas as pd
from pyecharts.globals import ThemeType
import  pyecharts.options as opts
from pyecharts.charts import Grid,Bar,Line,EffectScatter
# 用 pandas 导入爬取的天气数据
df=pd.read_csv('weather.csv',sep=',',names=['date','wea','tem','wind'])
# 去除空数据
df.dropna()
# 对气温数据进行处理，生成每日最高气温和最低气温两列
 df['tem_low']=df['tem'].str.split('/',expand=True)[0].str.split('℃',expand=True)[0]
 df['tem_high']=df['tem'].str.split('/',expand=True)[1].str.split('℃',expand=True)[0]
# 对日期进行处理，转换成日期格式
df['date']=df['date'].str.replace('年','/')
df['date']=df['date'].str.replace('月','/')
df['date']=df['date'].str.replace('日','')
df['date']=pd.to_datetime(df['date'],format="%Y/%m/%d")
# 把生成的最高气温和最低气温两列从字符串类型转换成 int 类型
df['tem_high']=df['tem_high'].astype(int)
df['tem_low']=df['tem_low'].astype(int)
# 设置日期为索引，方便后面的统计
df=df.set_index('date')
# 根据月份对最高气温和最低气温求平均
high=df['tem_high'].resample('m').mean().round(1).to_period('m')
low=df['tem_low'].resample('m').mean().round(1).to_period('m')
month=list(range(1,13))
# 开始绘制图形
# 产生每月最高气温平均值的柱状图
bar1=Bar(init_opts=opts.InitOpts(width='600px',height='450px'))
bar1.add_xaxis(xaxis_data=month)
bar1.add_yaxis('',list(high.values))
 bar1.set_global_opts(title_opts=opts.TitleOpts(title='Tem_High_Aver',pos_left='4%'))
# 产生每月最高气温平均值的散点图
scatter1=EffectScatter(init_opts=opts.InitOpts(width='600px',height='450px'))
scatter1.add_xaxis(xaxis_data=month)
```

学习笔记

```
scatter1.add_yaxis("", list(high.values))
scatter1.set_global_opts(title_opts=opts.TitleOpts(title='Tem_High_Aver',pos_left='36%'))
# 产生全年每日最高气温的走势折线图
line1=Line(init_opts=opts.InitOpts(width='600px',height='450px'))
line1.add_xaxis(xaxis_data=list(df.index))
line1.add_yaxis("", df['tem_high'].values.tolist(),is_smooth=True)
line1.set_series_opts(
    markline_opts=opts.MarkLineOpts(
        data=[opts.MarkLineItem(
            type_="average", name=" 平均值 ")]
        )
    )
line1.set_global_opts(title_opts=opts.TitleOpts(title='Tem_High',pos_left='70%'))
# 产生每月最低气温平均值的柱状图
bar2=Bar(init_opts=opts.InitOpts(width='600px',height='450px'))
bar2.add_xaxis(xaxis_data=month)
bar2.add_yaxis('',list(low.values))
bar2.set_global_opts(title_opts=opts.TitleOpts(title='Tem_Low_Aver',pos_left='4%',pos_top='55%'))
# 产生每月最低气温平均值的散点图
scatter2=EffectScatter(init_opts=opts.InitOpts(width='600px',height='450px'))
scatter2.add_xaxis(xaxis_data=month)
scatter2.add_yaxis("", list(low.values))
scatter2.set_global_opts(title_opts=opts.TitleOpts(title='Tem_Low_Aver',pos_left='36%',pos_top='55%'))
# 产生全年每日最低气温的走势折线图
line2=Line(init_opts=opts.InitOpts(width='600px',height='450px'))
line2.add_xaxis(xaxis_data=list(df.index))
line2.add_yaxis("", df['tem_low'].values.tolist(),is_smooth=True)
line2.set_series_opts(
markline_opts=opts.MarkLineOpts(
        data=[opts.MarkLineItem(
            type_="average", name=" 平均值 ")]
        )
    )
line2.set_global_opts(title_opts=opts.TitleOpts(title='Tem_Low',pos_left='70%',pos_top='55%'))
# 对六张图进行 grid 布局
grid=Grid(init_opts=opts.InitOpts(
    width='1800px',height='900px',theme=ThemeType.WESTEROS))
#pos_top、pos_bottom、pos_left、pos_right 组件离上下左右的边距
grid.add(bar1,grid_opts=opts.GridOpts(
    pos_left='4%',pos_right='67%',pos_bottom='51%'))
grid.add(scatter1,grid_opts=opts.GridOpts(
```

学习笔记

```
        pos_left='35%',pos_right='33%',pos_bottom='51%'))
    grid.add(line1,grid_opts=opts.GridOpts(
        pos_left='69%',pos_right='0%',pos_bottom='51%'))
    grid.add(bar2,grid_opts=opts.GridOpts(
        pos_left='4%',pos_right='67%',pos_top='51%'))
    grid.add(scatter2,grid_opts=opts.GridOpts(
        pos_left='35%',pos_right='33%',pos_top='51%'))
    grid.add(line2,grid_opts=opts.GridOpts(
        pos_left='69%',pos_right='0%',pos_top='51%'))
    # 输出 html 页面
    grid.render('./2023 年北京天气情况 .html')
```

程序运行效果如图 7-18 所示。

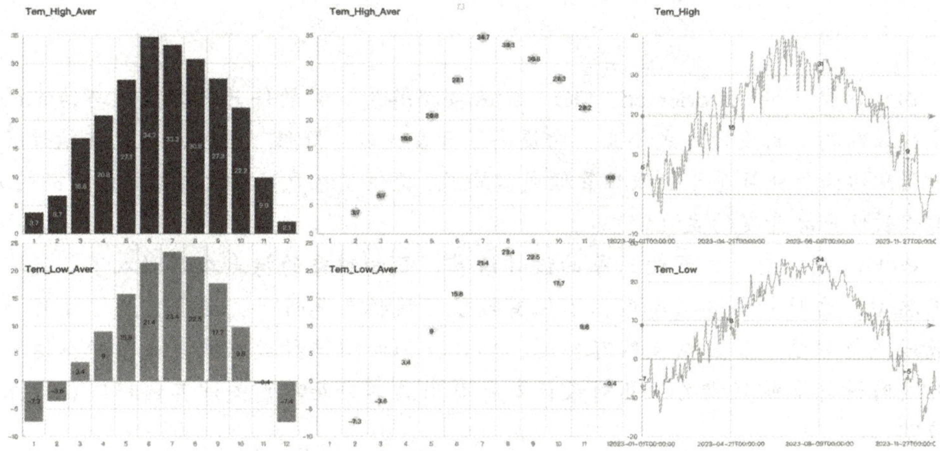

图 7-18　2023 年北京全年天气大屏图

习　题

1. 用 requests 爬取百度贴吧。
2. 抓取腾讯社会招聘网站的职位信息。
3. 爬取五个城市天气预报数据并可视化，包括温度变化、晴天多云、雨雪天气统计。

项目 8 利用面向对象的方法处理三角形面积

学习笔记

面向对象（object oriented，OO）应该被理解为一种软件开发方式，与传统的“面向流程或结构”的设计方式相比，它提高了开发效率，降低了开发成本，使软件开发更利于团队协同作业且易于使项目管理成本降低，提供了在更高层次构造软件产品的方法，是当代软件产品开发的主流。

Python 是完全支持面向对象的设计语言。面向对象的特点在于引入了“类”这个数据类型，这种新的数据类型，不但有数值（被称为属性），还有行为（被称为成员函数或成员方法）。数据既然有行为，那么我们希望这种数据能自我维护，这样在应用开发时设计者就只需关注其对设计本身有用的部分而不需关注其内部实现或维持的细节了。

本项目涉及的技术包括：

（1）面向对象的规则：类，对象，成员，公有、私有。

（2）面向对象的优点：继承，覆盖（重写），多态，重构。

素养要点：知识产权

知识产权，是“基于创造成果和工商标记依法产生的权利的统称”。最主要的三种知识产权是著作权、专利权和商标权。知识产权保护工作关系国家治理体系和治理能力现代化，关系高质量发展，关系人民生活幸福，关系国家对外开放大局，关系国家安全。

“创新是引领发展的第一动力，保护知识产权就是保护创新。”当前，新一轮科技革命和产业变革加速演进，唯有进一步全面加强知识产权保护，才能为广大科技工作者向世界科技最前沿冲锋做好保障，为实现科技自立自强打好制度基础。随着创新的持续发展并向社会生活全面渗透，加强知识产权保护的意义也早已不限于科技创新领域。当前，我国正在从知识产权引进大国向知识产权创造大国转变，知识产权工作正在从追求数量向提高质量转变。

学习笔记

8.1 项目实践与解析

8.1.1 利用面向对象的方法求三角形面积

本项目将利用构造三角形并计算、输出其面积的案例学习类和实例的基本规则，代码如 class Triangle 所示，运行结果如图 8-1 所示。

```
class Triangle(object):
    def __init__(self,a,b,c):
        self.__edgea = a
        self.__edgeb = b
        self.__edgec = c
        self.__area=0
        self.note="demo"
    # 可以用 self 来标识成员变量，也可称为类的属性。在类中变量名之前两条下划线可以视为私有属性

    def get_edge(self):
        print(self.__edgea)
        print(self.__edgeb)
        print(self.__edgec)

    # 可以通过成员函数访问成员
    def __acumulate_area(self):
        p = (self.__edgea + self.__edgeb + self.__edgec ) / 2
        self.__area = (p * (p - self.__edgea) * (p - self.__edgeb) * (p - self.__edgec))**0.5

    # 以两条下划线开始的成员函数可视为私有函数，只能由成员函数访问
    def get_area(self):
        if self.__area==0:
            self.__acumulate_area()
        print(self.__area)

print("生成一个实例")
st=Triangle(3,4,5)
print("打印三角形三边，展示成员函数可以使用私有属性")
st.get_edge()
print("打印面积，展示由成员函数调有成员函数")
st.get_area()
print(st.note+" change:")
st.note="over"
print(st.note)
print("访问私有属性和私有函数 会出现错误信息")
st.__area=12
st.get_area()
st.__acumulate_area()
```

学习笔记

以上代码定义三角形类、实例。

第 2 行用 class 命令声明一个“类”，名字是 Triangle，Python 的命名习惯是将类名的第一个字母大写。

在 Python 中，每个类都可以有一些属性（数据域），若定义“矩形”类，则长、宽就可以作为属性，若定义“学生”类，则姓名、年龄等也可以作为属性。“类”就是自定义的数据类型，语法上与整型、浮点型一样，就像用数据类型定义变量，再用变量做具体工作一样。在面向对象的开发中，需要使用“类”实例化产生“对象”，Python 中称为实例，而后利用实例去工作。Python 中的 __init__ 方法就是实例化构造“对象”所用，如第 2 ～ 7 行所示，数据属性可以在 __init__ 中确定，当如第 27 行所示，在程序中声明生成实例时，可以利用参数为属性赋值。Python 中分类的属性和对象的属性，我们先使用对象的属性，每个属性前都有一个 self（这个是 Python 的特点），一般面向对象的设计中属性还可以分为类外部可见的属性（public）和类外部不可见的属性（private）。在 Python 中所有属性本质上都是 public 的，但若想模仿其他语言的 private 的性质，那就在名称前加两个下划线。

接下来第 11～25 行定义了 3 个成员函数，get_edg 用来取 self.__edgea，self.__edgeb，self.__edge_c 三个属性的值；get_area 用来取得面积属性，由于它是成员函数，所以它可以调用 __accumulate_area 函数（私有函数）计算面积，请注意第 17 行 __accumulate_area 名字前的两个下划线，它的目的是把 accumulate_area 也变成类成员函数才可用的私有方法，图 8-1 展示了运行结果，图 8-2 演示了非成员函数调用私有方法所产生的错误。

```
生成一个实例
打印三角形三边，展示成员函数可以使用私有属性
3
4
5
打印面积，展示由成员函数调有成员函数
6.0
demo change:
over
```

图 8-1　一个简单类的运行结果

```
访问私有属性和私有函数 会出现错误信息
6.0
Traceback (most recent call last):
  File "/Users/soohay/PycharmProjects/pythonProject/triangle.py", line 38, in <module>
    st.__acumulate_area()
AttributeError: 'Triangle' object has no attribute '__acumulate_area'
```

图 8-2　直接访问私有成员函数会产生错误

通过这个程序，读者是无法体会到面向对象的优越性的，这个应用使用面向对象完全是“大材小用”，甚至略显多余，在这里只是希望读者熟悉面向对象编程的几个基本概念，以及“类”的基本格式。

学习笔记

8.1.2 利用继承和多态求多种图形的面积

8.1.1 节的代码中使用 get_area 方法返回面积。可否把这个成员函数当作图形对象的共同属性，那么利用同一个 get_area 方法就可以解决不同图形的面积了。这比起对每个图形判断种类，再依据图形种类调用不同的面积函数要方便得多，这时就要利用面向对象设计的特点和优势：继承与多态。

8.1.2 节演示了三角形和矩形都继承于 shape 这个父类，最后通过调用同一个函数名实现了不同功能，代码如下所示，运行结果如图 8-3 和图 8-4 所示。

```
# 案例 8.1.2 继承与多态
class Shape(object):
    def __init__(self):
        self.area=0
        self.note="demo"

    def acumulate_area(self):
        print(" 父类的面积函数 ")
        return 0
        # 以两条下划线开始的成员函数可视为私有函数，只能由成员函数访问

    def get_area(self):
        print(" 父类调用打印面积函数 ")
        self.acumulate_area()

class Triangle(Shape):
    def __init__(self,a,b,c):
        self.__edgea = a
        self.__edgeb = b
        self.__edgec = c
        super(Triangle,self).__init__()

      # 可以用 self 来标识成员变量，也可称为类的属性。在类中变量名之前两条下划线可以视为私有属性
    def get_edge(self):
        print(self.__edgea,self.__edgeb,self.__edgec)
            # 可以通过成员函数访问成员
    def acumulate_area(self):
        p = (self.__edgea + self.__edgeb + self.__edgec ) / 2
        self.area = (p * (p - self.__edgea) * (p - self.__edgeb) * (p - self.__edgec))**0.5
        print(" 三角形面积 %5.2f"%self.area)
        return 0

class Rectangle(Shape):
    def __init__(self,a,b):
        self.__edgea = a
        self.__edgeb = b
        super(Rectangle,self).__init__()
```

```

    def get_edge(self):
        print(self.__edgea,self.__edgeb)
        # 可以通过成员函数访问成员

    def acumulate_area(self):
        self.area = self.__edgea * self.__edgeb
        print("矩形面积 %5.2f" % self.area)
        return 0

print("生成一个三角形实例")
st=Triangle(3,4,5)
print("打印三角形三边")
st.get_edge()
print("打印三角形面积")
st.get_area()

print("生成一个矩形实例")
rct=Rectangle(6,8)
print("打印矩形边长")
rct.get_edge()
print("打印矩形面积")
rct.get_area()

ls_shape=[Triangle(3,4,5),Rectangle(5,6),Triangle(3,3,4),Rectangle(5,6)]
print("继承与多态")
for s in ls_shape:
    s.get_area()
```

```
/Users/soohay/opt/anaconda3/bin/python /Users/soohay/PycharmProjects/pythonProject/shape.py
生成一个三角形实例
打印三角形三边
3 4 5
打印三角形面积
父类调用打印面积函数
三角形面积 6.00
生成一个矩形实例
打印矩形边长
6 8
打印矩形面积
父类调用打印面积函数
矩形面积48.00
```

图 8-3 “继承”的运行结果

```
继承与多态
父类调用打印面积函数
三角形面积 6.00
父类调用打印面积函数
矩形面积30.00
父类调用打印面积函数
三角形面积 4.47
父类调用打印面积函数
矩形面积30.00
```

图 8-4 “多态”的运行结果

学习笔记

程序中重要的部分都标注了注释，这个案例的重点是演示面向对象的两个重要优势：利用继承来复用代码，利用多态来扩展功能。

注意观察代码 get_area() 方法没有在 Triangle、Rectangle 类中定义，而是在 Triangle、Rectangle 的父类 Shape 中进行了定义。在面向对象的设计规则中，所有父类中定义的非私有方法，子类可以直接使用，这就叫继承。利用这个规则，我们可以将需要复用的代码写在父类中，而将个性化的方法写在子类中。

再仔细阅读程序中第 18 ～ 21 行父类 get_area() 方法的定义，在第 20 行调用了 self.accumulate_area( ) 方法，从方法就知道 accumulate_area 显然是用来求面积的数值的，求值后利用 print 将数值打印输出，但问题是 Shape 类是“抽象”的，它并不具体表明自己是什么图形，那么求面积公式的具体形式也就无从谈起，所以，第 11 行 Shape 中的 accumulate_area( ) 方法只有一个打印语句而没有计算公式。当第 25 行和第 48 行 Triangle、Rectangle 类在定义中指明从 Shape 类继承后，Triangle、Rectangle 这两个图形是有具体面积计算方法的，如何实现呢？面向对象的设计采用了覆盖或重写方式（OO 术语称 Override），即在子类中使用与父类一样的函数签名（即函数名与参数列表一致），这样，子类中会存在各自不同的“更新”的 accumulate_area() 方法，如第 41 行和第 60 行所示。这样做的目的是实现多态，注意第 85 ～ 89 行，第 85 行定义了一个列表，并且在列表中“分别”插入了新构造的三角形（Triangle）和矩形（Rectangle），第 87 行使用 x 遍历列表时，并没有显式地指出 x 是三角形（Triangle）还是矩形（Rectangle），但系统自动使用了“正确的”accumulate_area( ) 方法计算了面积。简单地说，这种将具体实现方式放在子类进行，即“向后兼容”，并自动选择正确的实现手段的方式叫“多态”。设想一下，若不使用 OO 的多态机制，在解决“应该使用哪个求面积公式”的问题上，面向过程的设计将要多出一个“判断图形形状”的机制。

8.2 知识点总结

视频

知识点总结

1. 类、属性、方法（成员函数）

类是一种自定义数据类型，是数据和行为（操作）的集合，它可以封装自己的实现细节，而只对外提供操作接口。类在语法中的作用相当于“数据类型”，如同在编程过程中不能直接使用数据类型处理真正业务，而是需要声明某种类型的变量一样。在面向对象设计中，先需要定义类，再将类实例化为“对象”。定义类的过程中，数据成员和方法（函数）成员需要一并定义。

以下格式用来声明一个类：

```
class class_name :
   def _ _init_ _(self,…,…):
    ……
   def member_fun1(self,…,…):
    ……
```

学习笔记

```
    def member_fun2(self,…,…):
    ……
```

其中缩进格式表达了类的定义范围中包括一系列成员函数，Python 类的属性（数据成员）需要在方法（成员函数）中定义，这体现了 Python 利用赋初值的方式来声明“变量”的风格。这里建议开发者在“_ _init_ _(self,…)”函数中将所有成员数据赋初值，这样会形成一个清晰的成员数据的列表，利于项目成员掌握。但是这种做法并不是必须的，因为对 Python 而言，“_ _init_ _(self,…)”方法也不是必须的，如果在类的定义过程中有，那么在实例化对象的过程中系统将自动使用该方法进行初始化工作，若定义中没有显式地声明该方法，那么系统会缺省地完成初始化。由于 Python 是解释性具有“脚本”风格的语言，类的数据成员都要以“self.MemberValueName”的形式表达，因为系统将没有“self”修饰的数据成员确定为全局（global）数据，所以在方法（成员函数）的定义中，参数表中必须带有“self”。对于类中这些特点开发者需要特别注意，否则会引起错误。下面用两段小程序来演示这个特性：

例 8-1　利用 _ _init_ _(self,…) 初始化和在类中访问全局变量的示例。

```
tt = 25
yy = 8

class demo:
    def _ _init_ _(self,x,y):
        self.a = 2
        self.b = 3
        self.c = x
        self.d = y
        yy = 9

    def out(self):
         print(self.a, '#', self.b, '#', self.c + tt, '#', self.d +
yy)

d1 = demo(4, 5)
d1.out()
print('end')
```

运行结果如下：

```
2#3#29#13
end
```

demo 类定义了 _ _init_ _(self,…) 函数，最值得注意的是，_ _init_ _(self,…) 函数中的 yy 和 out 函数中的 yy 是不同的变量，_ _init_ _(self,…) 中的 yy 是在函数中定义的局部变量，而 out 中的 yy 指的是在程序第 2 行（类外部）定义的全局变量。

当把 _ _init_ _(self,…) 函数去掉以后，程序应该变成例 8-2。

例 8-2　不使用 _ _init_ _(self,…) 函数的类。

```
tt=25
yy=8
```

学习笔记

```
class demo:
    def m_set(self):
        self.a=2
        self.b=3

    def out(self):
        self.a+=10
        self.c=4
        self.d=5
        yy=9
        print(self.a, '#', self.b, '#', self.c+tt, '#', self.d+yy)

d1=demo()
d1.m_set()
d1.out()
print('end')
```

运行结果如下：

```
12#3#29#14
end
```

程序删除了 _ _init_ _(self,⋯) 函数，于是倒数第 4 行使用了空的构造器实例化 d1 对象，然后调用了 m_set 成员函数和 out 成员函数。注意变量 a 在 m_set 中定义，而在 out 中再次使用。比较两个例题，就可以明白类成员变量、函数变量和全局变量的不同作用域。需要强调的是：在 _ _init_ _(self,⋯) 函数中声明类的所有属性是非常好的开发习惯。

2. 实例

定义好的类也不能直接使用，而需要使用类的实例，就像雕刻了“模具”不能直接使用，而需要使用模具构造实例来使用。

3. 封装，公有（成员）、私有（成员）

一般面向对象设计中都有“封装”的概念，所谓封装就是把设计中内部烦琐的细节都“收拾并隐藏”起来，对外只留下供外部调用的成员函数作为“接口”，这样做可以“规范使用工具（类、实例），保证工具（类、实例）内部的运作机制不被破坏。系统使用“.”成员操作符访问对象成员，包括属性（数据）和方法（成员函数）。为了实现“规范使用”，一般面向对象语言提供公有（public）和私有（private）两种成员访问权限修饰符，公有的意思就是“可以允许任何人来执行、访问”，相反，私有的含义就是“不允许来自外部的访问”；那么很自然，开发人员可以把对外的接口设计为公有属性，把维护自身的机制都定义为私有成员。

但是 Python 中没有真正的公有和私有机制，默认情况下所有的成员都是公有的，即对访问不设限，但是在成员名称前面添加连续两个下划线“_ _”，那么就不能直接访问这个成员了。例如例 8-1 中的“_ _init_ _”函数，这时函数名的前面有“_ _”，Python 的解析机制会阻止对“_ _init_ _”函数的直接调用，但是如果使用带“_ _”前缀的函数名去访问则不被阻止。

学习笔记

4．继承

继承机制可以让子类复用在父类中定义的所有非私有成员，是 OO 设计的优势之一，语法形式如下：

```
class 子类名（父类）：
```

Python 还允许子类从多个父类处继承，只要定义时写出父类列表：

```
class 子类名（父类 1，父类 2，…，父类 n）：
```

当然父类太多也会带来负担，从 OO 设计角度有一句谚语：“有”胜于“是”，即需要使用某类时首选是将该类作为本类的成员，如果作为成员不能达到目的，再考虑继承，因为若 A 继承于 B，那么实际上 A 就是某个门类的 B，比如说电视和家电、猫和哺乳动物，既可以说猫继承了哺乳动物的特点也可以说猫就是哺乳动物。由于辨析设计原则的篇幅太长，这些原则就留给读者在开发中自己体会了。

5．重写（Override）

如果需要子类的成员与父类相比具有特殊性，就可以利用重写机制，重写的语法要求是函数名和参数列表必须相同。

6．类中需要重写的常用预置方法

在 Python 类的架构中预置了一些方法，用来完成“特殊的常规”任务，开发者可以重写这些方法以完成开发者的意图。这些预置方法见表 8-1。

表 8-1　预置方法

方　法　名	解　　释
__init__(self [参数表])	构造器，实例化时会被执行
__del__(self)	析构器
__str__(self)	可以定义当开发者执行 str(obj) 时，obj 输出的字符串
__cmp__(self, x)	这个方法用来定义 obj 如何比较大小

在实例化对象时，Python 总要调用 __init__() 方法，如果开发者没有重写 __init__() 方法，那系统就会自动调用缺省的 __init__() 方法，若子类没有 __init__() 方法，就会自动使用父类的 __init__() 方法。构造实例时，__init__() 方法经常用来传递构造参数。

而 __del__() 方法，会在回收、删除对象时被调用，开发者可以把“清理”性质的代码放进去，例如关闭文件、关闭数据库连接等。

7．重载（Overload）

重载与重写不同，重写 Override 是子类的成员方法使用与父类一样的函数签名（函数签名，指函数的参数列表），重载的含义是一个类对某方法的实现使用相同的函数名和不同的参数列表（包括类型不同和数量不同）。例如在 Triangle 对象计算面积时可以提供两个版本，一是利用底乘高除以 2 的方法，需要两个参数；也可以利用海伦公式利用三条边求面积，这时需要三个参数。调用方法时，Python 会根据参数寻找合适的函数原型。

学习笔记

8. 多态

多态是指子类在继承父类的过程中，重写父类的方法，而当使用父类引用访问子类时，会调用合适的子类方法。如此方便地实现同一父类之不同子类的个性化功能实现。

8.3 实践训练：利用面向对象的方法编写程序

实践目标：

利用面向对象的方法重新编写项目三的二十一点游戏程序。

实践要求：

游戏分为系统玩家和游戏玩家，新游戏开始后系统自动洗牌，发牌时能够显示牌的花色和点数。

参考提示：

①可以设计三个类：Card 类、Hand 类和 Poke 类。

② Card 类代表一张牌，可以考虑定义成员变量 Value 是牌面数字 A、2、3 直到 Q、K，成员变量 Suit 是花色，分别"♣"为梅花，"◆"为方块，"♥"为红心，"♠"为黑桃，Score 为点数。

③ Hand 类代表一手牌，可以认为是一位玩家手里的牌，其中 cards 列表变量存储玩家手里的牌。Hand 类可以有增加牌、清空手里的牌以及计算所有牌的点数的功能。

④ Poke 类代表一副牌，它应该有一个成员维护 52 张牌（即有一个包含 52 个 Card 的列表），另外有初始化、洗牌和发牌功能。

习　题

1. 利用重载为 Triangle 编写两个求面积方法。

2. 定义一个矩形类，成员方法能够计算并输出周长和面积。

3. 为第 2 题的矩形类开发一个子类，子类用来描述正方形，要求复用矩形的求周长和面积的方法。

项目9 开发图形界面的数据可视化工具

学习笔记

前面做了大量的编程工作，但是读者发现，我们的程序不像平时看到的有图形界面，可以利用鼠标等工具进行交互，而是“黑白”、“字符”的。是否程序的功能太弱？不是的，其实程序的基础都是一样的，只要我们使用GUI（graph user interface）程序就可以变成我们喜闻乐见的图形化界面。图形化界面操作简单，对用户友好，但是图形化界面不能限定和预料用户的操作，需要对界面的组建进行排布，对用户的各种点击等操作进行反应，所以增加了许多工作。Python中内置了Tk包用于开发图形界面，但是Tk表现较为简单，控件不够丰富。在这里我们向读者推荐Qt这个功能更强大、应用更广泛的库，在本项目将利用Qt这个主流的库完成对项目八的升级，做一个图形化的数据可视化工具。

本项目涉及的技术包括：

（1）Qt包。

（2）常用控件。

（3）信号、slot和connect。

（4）系统对话框。

素养要点：诚信

诚信是中华民族的传统美德。所谓“诚”，就是真诚、诚实；所谓“信”，是指守信、信用、信任。“诚”是“信”的内在依据，是“信”之根；“信”是“诚”的外在体现，是“诚”之用。“诚”与“信”的结合，是作为社会关系总和的人的内在道德修养与外在行为准则的统一。孔子把“信”与“仁、义、礼、智”并列为“五常”。孟子将诚、信结合在一起，提出道德修养论。程朱理学把“诚”推到了道德本体论和哲学本体论的绝对化巅峰。千百年来，中华民族视“诚信”为立身之本和自身的道德修养，历经时代变迁，逐渐形成了“诚信”的道德价值观念和道德行为评价标准。

诚信关乎一个国家国民的道德素质，更关乎一个民族、一个国家的整体形象。自古以来，诚信在世界各个民族的文化传统中都具有极为重要的道德价值。大国要有大胸怀、大气度、大格局。一个在国际交往合作中坚持以诚待人、以信为本的国家，才能赢得国际社会的尊重，才能扎实深入开展各领域国际合作。

学习笔记

9.1 项目实践与解析

本项目是完成一个简单的图形界面程序。

9.1.1 Qt 介绍

起初 Qt 是一个跨平台的 C++ 库，主要用来开发图形用户界面程序。它支持多操作系统，Windows、Linux、UNIX、MacOS，包括智能手机系统 Android、iOS，甚至可用于嵌入式系统 VxWorks 等运用于工业控制和家电系统中。由于广泛的用途、丰富的内置界面控件、易于编程和健壮的框架，Qt 除了完成漂亮的界面以外，还被扩展了很多其他功能，比如蓝牙连接、多线程、访问数据库、图像处理、音频视频处理、网络通信、文件操作等，可以说 Qt 已经是一个能够充分发挥硬件平台和操作系统功能的强大扩展库。

而对于这么优秀的扩展库，Python 不可能错过，于是 PyQt 应运而生。本项目就用 PyQt 完成图形界面的设计。PyQt 的流行版本有 PyQt5、PyQt6。在这里我们展示的方法对两个版本是兼容的。

9.1.2 在 PyCharm 中安装 Qt

打开 PyCharm，单击 File → New project 选项，然后在 PyCharm 左下角的 Terminal 中输入：

```
pip install PyQt5 -i http://mirrors.aliyun.com/pypi/simple/
```

可以继续安装常用的 Qt 工具，但如果只愿意用代码方式做开发则不再需要安装额外工具。

```
pip install PyQt5-tools -i http://mirrors.aliyun.com/pypi/simple/
```

安装完成后，可以用下面简短代码进行测试，运行代码可以看到一个最简单的 GUI 界面程序，如图 9-1 所示。

```
# -*- coding: utf-8 -*-
import sys
from PyQt5.QtWidgets import (QApplication,
                             QMainWindow,
                             )
class Ui_MainWindow(QMainWindow):
    def __init__(self):
        super().__init__()
        self.setWindowTitle("Demo ")

if __name__ == '__main__':
    app = QApplication(sys.argv)
    mwin=Ui_MainWindow()
    # 窗口显示
    mwin.show()
    # 进入程序的主循环，遇到退出情况，终止程序
    sys.exit(app.exec_())
```

学习笔记

图 9-1　安装 PyQt 后建立最简单窗体

9.1.3　放置 Widget，定义反应，连接信号

在本项目将逐步完成一个人员信息录入和浏览程序，这个程序拥有以下的图形界面，如图 9-2 所示。

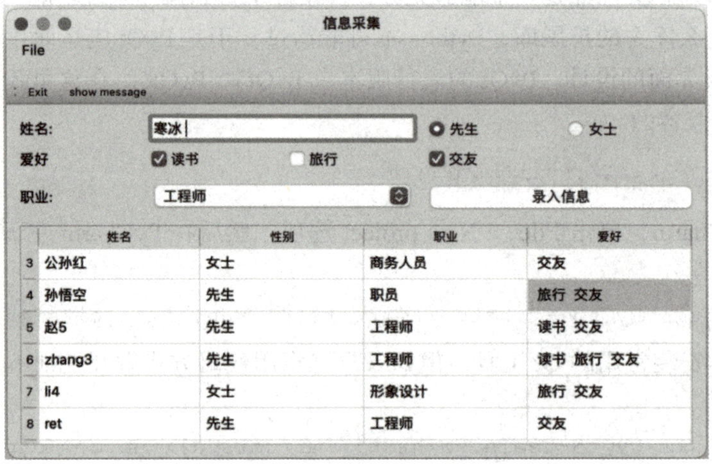

图 9-2　信息采集程序运行状态

首先完成如图 9-3 所示的简单应用 Demo，如果用户按按钮 press，那么系统将弹出一个对话框显示”你好“，若用鼠标点击关闭窗体，则程序退出。

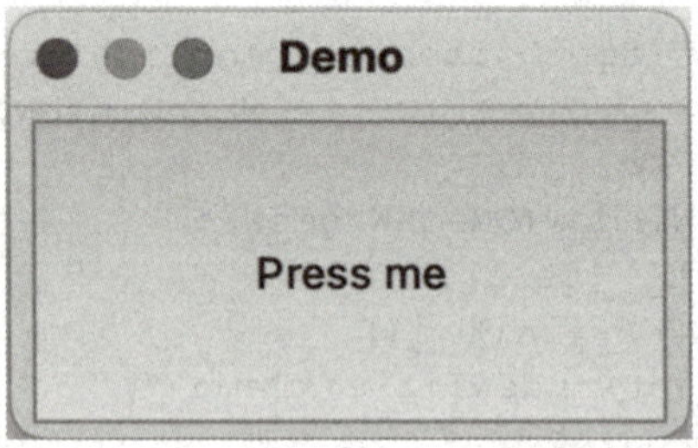

图 9-3　只有一个 press me 按钮的 Demo 程序

代码如下：

```
# -*- coding: utf-8 -*-
import sys
from PyQt5.QtWidgets import (QApplication,
                             QMainWindow,
```

```
5                           QPushButton, QMessageBox,
6                           )
7    class Ui_MainWindow(QMainWindow):
8        def __init__(self):
9            super().__init__()
10           self.setWindowTitle("Demo ")
11           self.buttMsg = QPushButton("Press me")
12           self.buttMsg.released.connect(self.the_button_click)
13           self.setCentralWidget(self.buttMsg)
14           return
15       def the_button_click(self):
16           reply = QMessageBox.information(self, 'title', '你好！',
QMessageBox.Yes | QMessageBox.No,
17                                          QMessageBox.Yes)
18           return
19   if __name__ == '__main__':
20       app = QApplication(sys.argv)
21       mwin=Ui_MainWindow()
22       # 窗口显示
23       mwin.show()
24       # 进入程序的主循环，遇到退出情况，终止程序
25       sys.exit(app.exec_())
```

代码比较简单，首先在 3 ～ 6 行引入了需要的 Qt 模块，其中 QApplication 负责构建 Qt 应用程序，QMainWindow 构建窗体，QPushButton 是程序中的按钮 ,QMessageBox 包负责显示系统对话框。

第 7 行定义 Ui_MainWindow 类，可以看出它继承于 QMainWindow 类，在初始化中注意在程序第 10 行，设置了窗体标题，11 行用 press me 作为标签文字的按钮，其变量名是 self.buttMsg，第 12 行是 Qt 的特点，注意这行代码使用 connect 方法把按钮按下后的释放动作 relased 和自定义函数 the_button_click 连接起来，可以理解为用 the_button_click 处理按钮按下后释放这个事件。这在 Qt 中表达为事件发出信号，开发人员针对信号参数开发函数（可称为 slot function 槽函数），然后用 connect 将信号和槽匹配起来。

图 9-4　MessageBox

第 15 行 the_button_click 函数的定义中利用 Qt 的内置 QMessageBox.information 产生一个信息对话框显示信息，如图 9-4 所示显示 “你好 !” 信息。其中，QMessageBox.Yes | QMessageBox.No,QMessageBox.Yes 表示信息提示对话框中使用了 Yes 和 No 两个按钮，而缺省按钮是 Yes。

第 20 行生成了 Qt 应用程序的实例，第 21 行生成了 Ui_MainWindow 的实例。第 25 行 sys.exit(app.exec_()) 表示运行 app.exec_()，当 app 结束时，用 app.exec_() 的返回值作为参数调用 sys.exit 退出程序。这是图形界面的一般用法，在特殊情形下，不退出程序当然还可以继续一些工作如清理内存等，那么应该写成以下形式：

```
mainwindow.run()
otherjob ( )
sys.exit ( )
```

在程序中还放置了一个按钮，它使用 Qbutton 生成了按钮对象，最简单的参数是按钮上的文字。而按钮的动作用 connect 与一个自定义函数连接，即是代码中的 cmdButtMsgClick 函数。

9.1.4　加入菜单和工具栏，退出程序

对当前的桌面应用而言，菜单和工具栏很常见，下一步就将 Demo 程序升级为如图 9-5 所示。

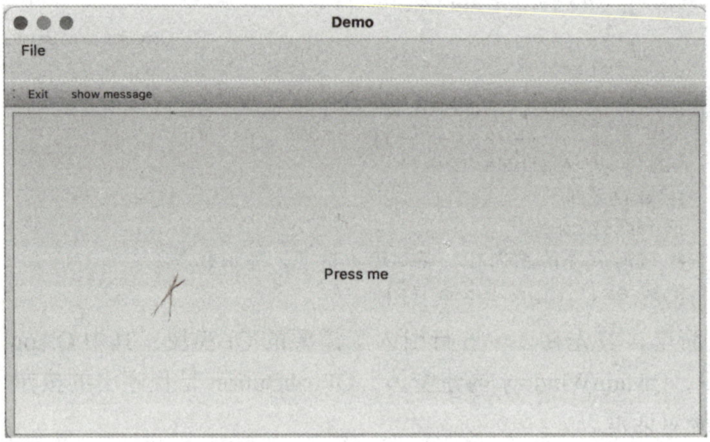

图 9-5　带菜单和工具条的界面

使用 Qt 构建菜单和工具栏是很简单的，代码如下：

```
# -*- coding: utf-8 -*-
import sys
from PyQt5.QtWidgets import (QApplication,
                             QMainWindow,
                             QPushButton,
                             QAction,QToolBar, QMessageBox,
                             )
class Ui_MainWindow(QMainWindow):
    def __init__(self):
        super().__init__()
        self.setWindowTitle("Demo ")
        self.buttMsg = QPushButton("Press me")
        self.buttMsg.released.connect(self.the_button_click)
        self.setCentralWidget(self.buttMsg)
        #设计 Toolbar 和 menu 的 Action
        act_showMsg = QAction("show message", self)
        act_showMsg.setStatusTip("This button will show a message")
        act_showMsg.triggered.connect(self.the_button_click)
        act_exit=QAction("Exit",self)
        act_exit.triggered.connect(self.close)
```

学习笔记

```
21              #增加toolbar，并向toolbar 增加2个按钮
22              toolbar = QToolBar("mToolbar")
23              self.addToolBar(toolbar)
24              toolbar.addAction(act_exit)
25              toolbar.addAction(act_showMsg)
26              #增加菜单，菜单中只有一个主菜单项，其中有showMessage和Exit 2个 Action
27              menubar = self.menuBar()
28              menubar.setNativeMenuBar(False)
29              fileMenu = menubar.addMenu('&File')
30              fileMenu.addAction(act_showMsg)
31              fileMenu.addSeparator()
32              fileMenu.addAction(act_exit)
33              return
34          def the_button_click(self):
35              reply = QMessageBox.information(self, 'title', '你好！', QMessageBox.Yes | QMessageBox.No,
36                                              QMessageBox.Yes)
37              return
38
39          def closeEvent(self,event):
40              reply = QMessageBox.question(self, '提示',
41                                           "是否退出？",
42                                           QMessageBox.Yes | QMessageBox.No,
43                                           QMessageBox.No)
44              if reply == QMessageBox.Yes:
45                  event.accept()
46              else:
47                  event.ignore()
48
49              return
50
51
52  if __name__ == '__main__':
53      app = QApplication(sys.argv)
54      mwin=Ui_MainWindow()
55      # 窗口显示
56      mwin.show()
57      # 进入程序的主循环，遇到退出情况，终止程序
58      sys.exit(app.exec_())
```

首先要注意第 6 行，引入了 QAction、QToolBar 两个新工具包。我们可以认为菜单和工具栏是一系列“行为动作（Action）”的集合，所以思路是定义一些 Action，把 Action 放置到菜单和工具栏里并将 Action 与自定义函数连接。程序的第 15 ～ 20 行完成了 Action 的定义，其中第 18 和 20 行说明了 Action 被触发的信号 triggered 分别连接了 self.the_button_click 和 self.close 两个函数。

第 22 ～ 33 行利用 Acton 增加了工具条和菜单，其中第 31 行 fileMenu.addSeparator() 是菜单中的分隔线。构建菜单要注意主菜单（如 file）中没有 Aciton，主

菜单中包括子菜单，若将菜单看作一棵树，那么只有叶子结点可以放置 Action，这是不言自明的。

第 39 ～ 49 行 closeEvent 函数用来处理“窗体关闭”事件，其中使用了 QMessageBox.question 产生问询对话框征询用户意见。

注意 44 ～ 47 行：

```
44          if reply == QMessageBox.Yes:
45              event.accept()
46          else:
47              event.ignore()
```

若用户确认关闭，即反馈为 Yes 则关闭事件被接受，否则忽略。

9.1.5　用 layout 布局完成控件布置

上面两个程序界面十分简单，不符合常规，所以需要重新布局。另外，由于当前显示环境的多样性，各种尺寸的屏幕对图形界面程序提出了“自动适应”要求，所以现代的程序界面设计普遍不再用“固定尺寸”模式，因为在不同尺寸和分辨率的屏幕上，采用固定尺寸模式的界面可能有不妥的表现，所以现代桌面应用多使用 Layout 来管理控件在界面上的位置、大小与周边间隔等信息。

这里向读者介绍 Qvlayout QhLayout，gridlayout 布局器管理布局，Widegts 是控件的容器，Layout 和 Widgets 组合能完成界面设计，比如下面程序的界面（见图 9-6）就是用 QHBoxLayout 布局完成的。

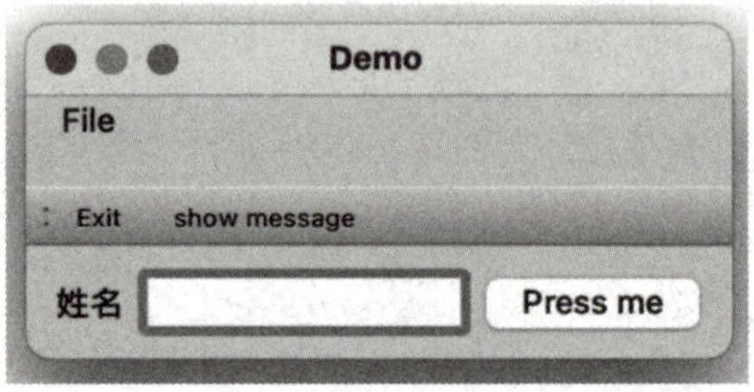

图 9-6　用 QHBoxLayout 布局放置三个控件

代码如下：

```
# -*- coding: utf-8 -*-
import sys
from PyQt5.QtWidgets import (QApplication,
                             QVBoxLayout,
                             QLabel,
                             QMainWindow,
                             QWidget,
                             QPushButton,
                             QLineEdit,
                             QAction,QToolBar,
                             QMessageBox,
                             )
class Ui_MainWindow(QMainWindow):
    def __init__(self):
        super().__init__()
        self.setWindowTitle("Demo ")
        # 定义 控件

        self.buttMsg = QPushButton("Press me")
```

学习笔记

```
        self.buttMsg.released.connect(self.the_button_click)
        self.labName=QLabel(" 姓名 ")
        self.leName=QLineEdit("")
        # 定义 Layout 布局器
        self.layH=QVBoxLayout()
        # 用布局器放置控件
        self.layH.addWidget(self.labName)
        self.layH.addWidget(self.leName)
        self.layH.addWidget(self.buttMsg)

        # 设计 Toolbar 和 menu 的 Action

        act_showMsg = QAction("show message", self)
        act_showMsg.setStatusTip("This button will show a message")
        act_showMsg.triggered.connect(self.the_button_click)
        act_exit=QAction("Exit",self)
        act_exit.triggered.connect(self.close)
        # 增加 toolbar，并向 toolbar 增加 2 个按钮
        toolbar = QToolBar("mToolbar")
        self.addToolBar(toolbar)
        toolbar.addAction(act_exit)
        toolbar.addAction(act_showMsg)
        # 增加菜单，菜单中只有一个主菜单项，其中有 showMessage 和 Exit 2 个 Action
        menubar = self.menuBar()
        menubar.setNativeMenuBar(False)
        fileMenu = menubar.addMenu('&File')
        fileMenu.addAction(act_showMsg)
        fileMenu.addSeparator()
        fileMenu.addAction(act_exit)
        #### 主界面和窗体位置
        self.widgetMain= QWidget()
        self.widgetMain.setLayout(self.layH)
        self.setCentralWidget(self.widgetMain)

        return
    def the_button_click(self):
        inStr=self.leName.text()
        reply = QMessageBox.information(self, 'title', inStr+' 你好！ ', QMessageBox.Yes | QMessageBox.No,
                                        QMessageBox.Yes)
        return

    def closeEvent(self,event):
        reply = QMessageBox.question(self, ' 提示 ',
                                     " 是否退出 ?",
                                     QMessageBox.Yes | QMessageBox.No,
                                     QMessageBox.No)
        if reply == QMessageBox.Yes:
```

```
67                 event.accept()
68             else:
69                 event.ignore()
70             return
71
72     if __name__ == '__main__':
73         app = QApplication(sys.argv)
74         mwin=Ui_MainWindow()
75         # 窗口显示
76         mwin.show()
77         # 进入程序的主循环，遇到退出情况，终止程序
78         sys.exit(app.exec_())
```

请注意代码中 23 ～ 28 行定义了布局器且放置了控件，49 ～ 52 行定义了 Layout 和 Widget 的关系并用 setCentralWidget 确定了界面。

试一试：

◎用 QVBoxLayout 布局器编写程序，效果如图 9-7 所示。

面向对象编程思想给了我们很大的扩展空间，比如项目 8 中提到过“有”比“是”更灵活，于是我们便有了 Layout 中有 Widget，Widget 中也可以有 Layout 的想法，于是，Widget 和 Layou 都可以“嵌套使用了”，所以即使利用 QVBoxLayout 和 QHBoxLayout 我们也可以完成较为复杂的布局，如图 9-8 所示。

图 9-7　用 QVBoxLayout 布局放置三个控件

图 9-8　用 QVBoxLayout 和 QHBoxLayout 布局放置三个控件

关键代码：

```
# 定义 Layout 布局器，用布局器放置控件
self.layV=QVBoxLayout()
self.layH=QHBoxLayout()
self.layH.addWidget(self.labName)
self.layH.addWidget(self.leName)

self.widgetH= QWidget()
self.widgetH.setLayout(self.layH)
self.layV.addWidget(self.widgetH)
self.layV.addWidget(self.buttMsg)
```

```
self.widgetMain= QWidget()
self.widgetMain.setLayout(self.layV)
```

虽说 QVBoxLayout 和 QHBoxLayout 组合起来也能完成各种复杂布局，但会增加很多工作量，于是我们用 grid 完成行列对齐关系的复杂布局，一般情况遇到多控件需要考虑行列关系，控件大小也不一致，那么首先考虑网格布局 QGridLayout，利用网格布局完成的界面如图 9-9 所示。

图 9-9　利用网格布局的界面设计

网格布局最清晰的用法是先定义行列数量和行高列宽，再放置控件。请看图 9-9 的关键代码，定义行列数量和行高列宽的代码如下：

```
layoutGd = QGridLayout() # 生成了 QGridLayout() 的对象 layoutGd
```

下面定义 0 ～ 4 共 5 列，以及每列的宽度，宽度皆为 1：

```
layoutGd.setColumnStretch(0,1)
layoutGd.setColumnStretch(1, 1)
layoutGd.setColumnStretch(2, 1)
layoutGd.setColumnStretch(3, 1)
layoutGd.setColumnStretch(4, 1)
```

下面定义 0 ～ 3 共 4 行，以及每行的高度，注意最后一行高度为 8：

```
layoutGd.setRowStretch(0,1)
layoutGd.setRowStretch(1,1)
layoutGd.setRowStretch(2,1)
layoutGd.setRowStretch(3,8)
```

然后放置了图 9-9 中的控件：

```
layoutGd.addWidget(self.labName,0,0,alignment=Qt.AlignRight)
layoutGd.addWidget(self.leName, 0, 1, 1,2)
```

学习笔记

```
layoutGd.addWidget(self.RbOptM, 0, 3)
layoutGd.addWidget(self.RbOptF, 0, 4)

layoutGd.addWidget(self.labHabi,1,0,alignment=Qt.AlignRight)
layoutGd.addWidget(self.chkBook, 1, 1)
layoutGd.addWidget(self.chkTrav, 1, 2)
layoutGd.addWidget(self.chkFren, 1, 3)

layoutGd.addWidget(self.labCareer, 2, 0,alignment=Qt.AlignRight)
layoutGd.addWidget(self.CmbCareer, 2, 1, 1, 2)
layoutGd.addWidget(self.buttMsg,2,3,1,2)
layoutGd.addWidget(self.tabMsg,3,0,1,5)

self.widgetMain= QWidget()
self.widgetMain.setLayout(layoutGd)
```

注意以上代码中控件放置位置与网格布局器的行列对应关系如图 9-10 所示。

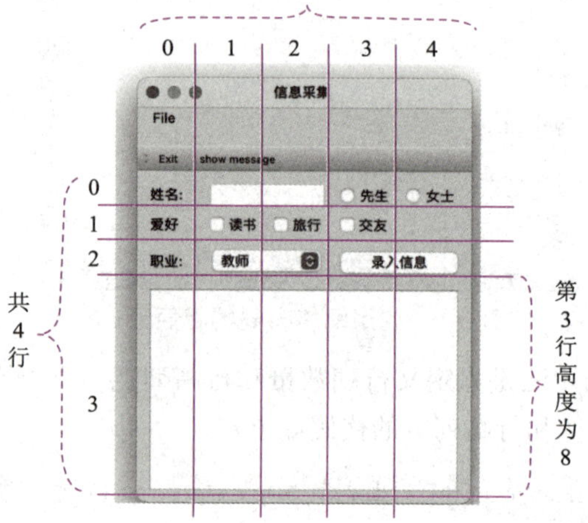

图 9-10　程序中网格布局的行列数量、行高列宽控件放置位置

注意其中的 addWidget() 函数，参数为：起始行，起始列，占据行数，占据列数。例如上面代码的最后一行：layoutGd.addWidget(self.tabMsg,3,0,1,5)，将表格 tabMsg 放置在第 3 行，第 0 列，占据 1 行，占据 5 列（扩展成 5 列）。

布局完成后，下面代码设置屏幕位置和窗体大小，如图 9-11 所示。

```
# 设置窗口位置
screen = QDesktopWidget().screenGeometry()
# 获取窗口坐标系
msize = self.geometry()
sw=screen.width()
sh=screen.height()
newLeft = (sw - msize.width()) //2
newTop = (sh- msize.height()) //4
self.move(int(newLeft), int(newTop))
```

```
self.setFixedSize(QSize(sw // 2, int(sh*0.75 )))
```

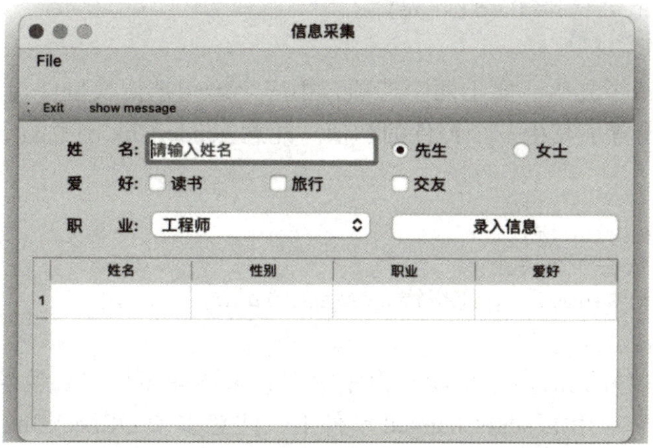

图 9-11　调整了窗体大小的信息采集程序

可以看出程序用 QDesktopWidget().screenGeometry() 获得窗体位置信息和尺寸之后，再用 move 和 setFixedSize 函数设置新的位置和尺寸信息。

9.1.6　使用 Widget

本程序使用一些常见控件完成收集数据功能，其中 QLabel 控件显示提示性文字，可以用标签文字构造它，例如：self.labTitle=QLabel(“显示控制 :”)。

QLineEdit 控件可以完成单行文本编辑功能。以本程序的姓名输入功能为例，用空文本构造它，如：

```
self.leName=QLineEdit("")
```

之后用了 setPlaceholderText（设置占位文本）函数在文本框中写入提示信息：

```
self.leName.setPlaceholderText(" 请输入姓名 ")
#self.leName.editingFinished.connect(self.leNameCheck)
self.leName.textChanged.connect(self.leNameCheck)
```

为了收集信息在 textChanged 事件上用系统的 connect 方法连接了自定义函数 self.leNameCheck，leNameCheck 的定义如下：

```
def leNameCheck(self,text):
    self.strName = text
    return
```

可以看出自定义函数 leNameCheck 中将 textChanged 事件的内置参数 text（QLineEdit 的文本）作为参数，给程序的 strName 变量赋值。

另外，如果在 editline 的 pressEnter 事件上连接了自定义函数就能在用户按下【Enter】键时自动完成所设计的功能。

QRadioButton 控件常用来完成 N 选一功能，比如本程序的性别选择：

```
self.RbOptM = QRadioButton(" 先生 ")
self.RbOptF = QRadioButton(" 女士 ")
```

学习笔记

```
self.RbOptF.toggled.connect(self.genderChk)
self.RbOptM.setChecked(True)
self.genderChk()
```

前面两句构造了先生、女士两个选项，第三个语句把切换事件与 self.genderChk 函数连接，第四句设置了其中一个控件的初值。注意 genderChk 函数的定义与控件初值的配合关系：

```
def genderChk(self):
    gen=["女士","先生"]
    self.strGender=gen[self.RbOptM.isChecked()]
    return
```

QCheckBox 控件完成多选功能，程序中用它来选择多种“兴趣爱好”，请看构造和处理函数连接于常用的 stateChanged 事件上，注意多个 QCheckBox 作为一组可以连接一个处理函数完成共同的功能。

```
self.chkBook=QCheckBox("读书")
self.chkBook.stateChanged.connect(self.habiState)
self.chkTrav=QCheckBox("旅行")
self.chkTrav.stateChanged.connect(self.habiState)
self.chkFren=QCheckBox("交友")
self.chkFren.stateChanged.connect(self.habiState)
```

处理函数中用 checkState() 获得当前的状态，注意 QCheckBox 有三个状态：未选中 0，半选 1，选定 2。

```
def habiState(self):
    self.habit = [["", "", "读书"], ["", "", "旅行"], ["", "", "交友"]]
    self.strHabit= (self.habit[0][self.chkBook.checkState()]
          +self.habit[1][self.chkTrav.checkState()]
          +self.habit[2][self.chkFren.checkState()])
    return
```

QComboBox 控件也完成多选一功能，不过待选项可以更多。本程序用它来确认职业，请看相关代码：

```
self.CmbCareer=QComboBox()
self.CmbCareer.addItem("工程师")
self.CmbCareer.addItem("商务人员")
self.CmbCareer.addItem("形象设计")
self.CmbCareer.addItem("教师")
self.CmbCareer.addItem("行政")
self.CmbCareer.addItem("职员")
self.CmbCareer.currentTextChanged.connect(self.carreChk)
self.CmbCareer.setCurrentIndex(0)
self.strCareer="工程师"
def carreChk(self):
self.strCareer=self.CmbCareer.currentText()
return
```

学习笔记

addItem 增加项目，如果发生选择项变化事件则连接到 carreChk 函数。

本程序最复杂的控件是 QTableView，view 类型的控件都需要有数据模型与其搭配，即构成 MVC 结构，分别完成数据维护和外观表现和控制任务，这种结构可以让我们专心于数据方面，而外观和控制全部交由 View 自身完成，本程序配套了最直观的 QStandardItemModel：

```
    self.tabMsg=QTableView()
    self.tabModel=QStandardItemModel(1, 4)
    # 设置表头
    self.tabModel.setHorizontalHeaderLabels(['姓名','性别','职业',"爱好"])
    # 列宽自适应充满表格
    self.tabMsg.horizontalHeader().setSectionResizeMode(QHeaderView.
Stretch)
    # 关联 QTableView 控件和 Model
    self.tabMsg.setModel(self.tabModel)
```

注意这段程序的第二句，构造了一个 1 行 4 列的模型名为 tabModel。之后设置了表头并将视图的模型设为 tabModel：self.tabMsg.setModel(self.tabModel)。

在按下录入按钮后，会执行下面代码，可以看出在检查信息合规之后，用输入信息构建 QStandardItem 后，利用 insertRow(0, [item1, item2, item3, item4]) 向模型第 0 行插入数据。这时表格视图会自动更新显示效果。

```
    def the_button_click(self):
        if len(self.strName)==0:
            reply = QMessageBox.warning(self, 'Input check', "姓名不得为
空", QMessageBox.Yes |QMessageBox.No, QMessageBox.Yes)
            return
        item1 = QStandardItem(self.strName)
        item2 = QStandardItem(self.strGender)
        item3 = QStandardItem(self.strCareer)
        item4 = QStandardItem(self.strHabit)
        self.tabModel.insertRow(0,[item1,item2,item3,item4])
        return
```

完成后的信息采集程序的运行状态如图 9-12 所示。

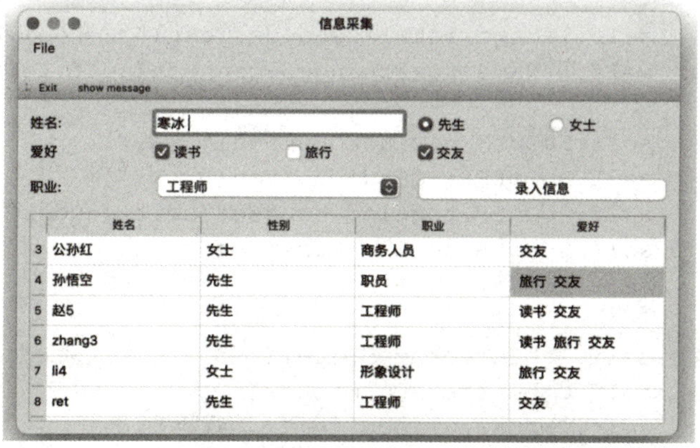

图 9-12　信息采集程序的运行状态

学习笔记

完整代码如下所示：

```
# -*- coding: utf-8 -*-
import sys
from PyQt5.QtGui import QIcon, QStandardItemModel, QStandardItem
from PyQt5.QtCore import Qt,QSize

from PyQt5.QtWidgets import (QApplication,QDesktopWidget,
                             QVBoxLayout,
                             QLabel,
                             QMainWindow,
                             QComboBox,
                             QRadioButton, QCheckBox,
                             QGridLayout,
                             QWidget,
                             QPushButton,
                             QLineEdit,
                             QAction, QToolBar,
                             QTableView, QMessageBox, QHeaderView,
                             )
class Ui_MainWindow(QMainWindow):
    def __init__(self):
        super().__init__()

        self.strName=""
        self.strGender=""
        self.strHabit=""
        self.strCareer=""
        self.setWindowTitle("信息采集")
        #定义 控件

        self.buttMsg = QPushButton("录入信息")
        self.buttMsg.released.connect(self.the_button_click)

        self.labName=QLabel("姓          名:")
        self.leName=QLineEdit("")

        self.leName.setPlaceholderText("请输入姓名")
        self.leName.textChanged.connect(self.leNameCheck)

        self.RbOptM = QRadioButton("先生")
        self.RbOptF = QRadioButton("女士")
        self.RbOptF.toggled.connect(self.genderChk)
        self.RbOptM.setChecked(True)
        self.genderChk()

        self.labCareer = QLabel("职          业:")
        self.CmbCareer=QComboBox()
        self.CmbCareer.addItem("工程师")
        self.CmbCareer.addItem("商务人员")
```

学习笔记

```
        self.CmbCareer.addItem("形象设计")
        self.CmbCareer.addItem("教师")
        self.CmbCareer.addItem("行政")
        self.CmbCareer.addItem("职员")
        self.CmbCareer.currentTextChanged.connect(self.carreChk)
        self.CmbCareer.setCurrentIndex(0)
        self.strCareer="工程师"

        self.labHabi=QLabel("爱        好：")
        self.chkBook=QCheckBox("读书")
        self.chkBook.stateChanged.connect(self.habiState)
        self.chkTrav=QCheckBox("旅行")
        self.chkTrav.stateChanged.connect(self.habiState)
        self.chkFren=QCheckBox("交友")
        self.chkFren.stateChanged.connect(self.habiState)

        self.tabMsg=QTableView()
        self.tabModel=QStandardItemModel(1, 4)

        # 设置表头
        self.tabModel.setHorizontalHeaderLabels(['姓名', '性别', '职业',"爱好"])

        # 列宽自适应充满表格
        self.tabMsg.horizontalHeader().setSectionResizeMode(QHeaderView.Stretch)

        # 关联 QTableView 控件和 Model
        self.tabMsg.setModel(self.tabModel)

        # 定义 GridLayout 布局器放置控件，要点是先确定行列数量和高宽，再放置控件
        self.layV=QVBoxLayout()
        layoutGd = QGridLayout()
        # 下面定义 4 列，以及每列的宽度
        layoutGd.setColumnStretch(0,1)
        layoutGd.setColumnStretch(1, 1)
        layoutGd.setColumnStretch(2, 1)
        layoutGd.setColumnStretch(3, 1)
        layoutGd.setColumnStretch(4, 1)
        # 下面定义 4 列，以及每行的高度
        layoutGd.setRowStretch(0,1)
        layoutGd.setRowStretch(1,1)
        layoutGd.setRowStretch(2,1)
        layoutGd.setRowStretch(3,8)

        layoutGd.addWidget(self.labName,0,0,alignment=Qt.AlignRight)
        layoutGd.addWidget(self.leName, 0, 1, 1,2)
        layoutGd.addWidget(self.RbOptM, 0, 3)
        layoutGd.addWidget(self.RbOptF, 0, 4)
```

学习笔记

```

        layoutGd.addWidget(self.labHabi,1,0,alignment=Qt.AlignRight)
        layoutGd.addWidget(self.chkBook, 1, 1)
        layoutGd.addWidget(self.chkTrav, 1, 2)
        layoutGd.addWidget(self.chkFren, 1, 3)

        layoutGd.addWidget(self.labCareer,2,0,alignment=Qt.AlignRight)
        layoutGd.addWidget(self.CmbCareer, 2, 1, 1, 2)
        layoutGd.addWidget(self.buttMsg,2,3,1,2)
        layoutGd.addWidget(self.tabMsg,3,0,1,5)

        self.widgetMain= QWidget()
        self.widgetMain.setLayout(layoutGd)

        # 设计 Toolbar 和 menu 的 Action
        act_showMsg = QAction("show message", self)
        act_showMsg.setStatusTip("This button will show a message")
        act_showMsg.triggered.connect(self.the_button_click)

        act_exit=QAction("Exit",self)
        act_exit.triggered.connect(self.close)

        # 增加 toolbar，并向 toolbar 增加 2 个按钮
        toolbar = QToolBar("mToolbar")
        self.addToolBar(toolbar)

        toolbar.addAction(act_exit)
        toolbar.addAction(act_showMsg)

        # 增加菜单，菜单中只有一个主菜单项，其中有 showMessage 和 Exit 2 个 Action
        menubar = self.menuBar()
        menubar.setNativeMenuBar(False)
        fileMenu = menubar.addMenu('&File')

        fileMenu.addAction(act_showMsg)
        fileMenu.addSeparator()
        fileMenu.addAction(act_exit)

        #### 主界面和窗体位置

        self.setCentralWidget(self.widgetMain)
        screen = QDesktopWidget().screenGeometry()
        # 获取窗口坐标系
        msize = self.geometry()
        sw=screen.width()
        sh=screen.height()
        newLeft = (sw - msize.width()) //2
        newTop = (sh- msize.height()) // 2
        self.move(int(newLeft), int(newTop))
        self.setFixedSize(QSize(sw//3, sh//3))
```

学习笔记

```

            return

    def genderChk(self):
        gen=["女士","先生"]
        self.strGender=gen[self.RbOptM.isChecked()]
        return

    def habiState(self):
        self.habit = [["", "", "读书"], ["", "", "旅行"], ["", "", "交友"]]
        self.strHabit= (self.habit[0][self.chkBook.checkState()]
                +self.habit[1][self.chkTrav.checkState()]
                +self.habit[2][self.chkFren.checkState()])
        return
    def carreChk(self):
        self.strCareer=self.CmbCareer.currentText()
        return

    def leNameCheck(self,text):
        self.strName = text
        return

    def the_button_click(self):
        if len(self.strName)==0:
            reply = QMessageBox.warning(self, 'Input check', "姓名不得为空", QMessageBox.Yes |QMessageBox.No,
                                                                          QMessageBox.Yes)
            return
        item1 = QStandardItem(self.strName)
        item2 = QStandardItem(self.strGender)
        item3 = QStandardItem(self.strCareer)
        item4 = QStandardItem(self.strHabit)
        self.tabModel.insertRow(0,[item1,item2,item3,item4])
        return

    def closeEvent(self,event):
        reply = QMessageBox.question(self, '提示',
                                     "是否退出?",
                                     QMessageBox.Yes | QMessageBox.No,
                                     QMessageBox.No)
        if reply == QMessageBox.Yes:
            event.accept()
        else:
            event.ignore()
        return

if __name__ == '__main__':
    app = QApplication(sys.argv)
    app.setWindowIcon(QIcon("appicon.png"))
    mwin=Ui_MainWindow()
```

学习笔记

```
# 窗口显示
mwin.show()
# 进入程序的主循环，遇到退出情况，终止程序
sys.exit(app.exec_())
```

9.2 知识点总结

本项目介绍了 Qt 的常用控件、Action、Toolbar、窗体布局、事件、信号以及槽函数等概念。

9.2.1 布局（layout）

我们在向窗口添加多个控件时，需要对控件位置和大小进行控制。在 Qt 中可以使用表 9-1 所示四种布局器。

表 9-1 四种 Qt 布局器的作用

名称	作用
QHBoxLayout	水平布局
QVBoxLayout	垂直布局
QGridLayout	网格布局，用行列索引确定控件应该占据的位置
QStackedLayout	用于切换界面

9.2.2 信号（signals）

一个对象（包括控件）发出的消息，它表明发生了某种事件或状态变化。例如，一个 lineEdit 可以发出一个“textChanged”信号，信号发出时所连接的槽函数可以利用信号的内置参数。

9.2.3 槽函数

槽函数（slots）用于响应信号，可以与特定信号相关联，以达到信号发出、槽函数联动的效果。

9.2.4 连接

信号与槽之间的关联称为连接（connect）。信号、槽函数和连接机制可以用来处理控件的事件消息（异步）。

9.2.5 QAction

QAction 可以构成菜单工具条等常用控件的“动作”单元，通常利用 connect 将 QAction 的 triggered 事件连接自定义函数以执行特定功能。

9.2.6 QLineEdit

QLineEdit 是一个用于接收单行文本输入的小部件。

学习笔记

常用方法：

setText(text)：设置文本框中显示的文本。

text()：获取文本框中的文本。

setPlaceholderText(text)：设置文本框内的占位符文本。当文本框为空时，占位符文本显示在文本框内，用于提示用户输入内容。

setMaxLength(length)：设置文本框允许输入的最大字符数。

常用信号：

textChanged：参数为 string。

returnPressed：无参数。

9.2.7　QRadioButton

QRadioButton 允许用户在一组按钮中选择一个值，可表达"单选"。

常用方法：

isChecked()：返回单选按钮的状态，返回值 True 或 False。

setText()：设置单选按钮显示的文本。

text()：返回单选按钮显示的文本。

常用信号：

Toggled：当选中状态变化时触发信号。

9.2.8　QCheckBox

QCheckBox 允许用户在选中和取消选中之间进行切换，可表达"多选"。

常用方法：

QCheckBox(text, parent=None)：用文本创建一个复选框对象。

text()：获取复选框旁边显示的文本。

setText(text)：设置复选框旁边显示的文本。

isChecked()：返回复选框的当前选中状态。

setChecked(checked)：设置复选框的选中状态。

常用信号：

stateChanged：当复选框的选中状态发生变化时触发信号。

9.2.9　QComboBox

QComboBox 接收用户在一个下拉列表中的选择，PyQt 也支持用户输入文本来搜索并选择项目。

常用方法：

addItem(text, userData=None)：向下拉框中添加文本项，并可附加用户数据。

addItems(textList)：向下拉框中批量添加文本项，参数是字符串列表。

insertItem(index, text, userData=None)：在指定位置插入一个文本项。

removeItem(index)：移除指定位置的文本项。

clear()：清空下拉框中的所有项。

学习笔记

currentIndex()：获取当前选择项的索引。

currentText()：获取当前选择项的文本。

setCurrentIndex(index)：设置当前选择项的索引。

setCurrentText(text)：设置当前选择项的文本。

setEditable(True/False)：设置下拉框是否可让用户手动输入文本。

setEnabled(True/False)：启用或禁用该控件。

常用信号：

currentIndexChanged：选择项发生变化时发送信号。

9.2.10 QMessageBox

QMessageBox：显示消息框。

常用方法：

information(parent, title, text, buttons, defaultButton)：用于显示一般信息。

warning(parent, title, text, buttons, defaultButton)：用于显示警告信息。

critical(parent, title, text, buttons, defaultButton)：用于显示错误信息。

question(parent, title, text, buttons, defaultButton)：用于询问用户的选择。

常用信号：

buttonClicked.connect(slot)：按钮点击时可以发出的信号。

9.2.11 QFileDialog

QFileDialog 允许用户选择文件或目录并返回所选文件的路径，用于打开文件、保存文件、选择目录等操作。

常用方法：

'getOpenFileName(parent, caption, directory, filter, options)'：打开一个文件对话框，允许用户选择一个文件并返回文件的路径。参数包括对话框的父窗口、标题、默认目录、文件类型过滤器和选项。

'getSaveFileName(parent, caption, directory, filter, options)'：打开一个保存文件对话框，允许用户选择文件的保存路径并返回路径。

'getExistingDirectory(parent, caption, directory, options)'：打开一个选择目录对话框，允许用户选择目录并返回目录路径。参数包括对话框的父窗口、标题、默认目录和选项。

9.3 实践训练：开发一个 plot 程序

实践目标：

参照本节案例，完成实际的数据展示的图形界面程序。

实践要求：

利用 Demo 案例的技术，建立了 plot 程序，这个程序界面如 9-13 所示，首先用户

学习笔记

利用工具条或菜单上的 load 按钮打开一个 csv 文件，例如，打开示例目录中的 csv 文件，可以看到程序将文件的数据加载到表格中，这时交替按动数据和图像两个 radiobutton，就会发现界面交替显示数据和图像。这时的图像是最简单的状态，没有显示图表的名称、坐标轴的标签、图线颜色等，信息也是以最简单的方式呈现，如图 9-14 所示。这时在界面中的文本输入框中输入相关信息，并用 checkbox 选择显示状态，用 combobox 选择线条、颜色、标记点信息，之后用工具条或菜单中的 draw 功能就可以按照新的细节设定重新绘制图像，如图 9-15 所示。

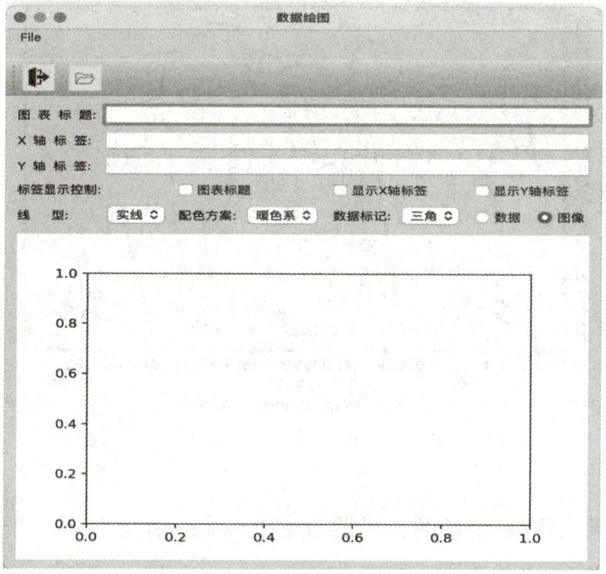

图 9-13　plot 程序的界面

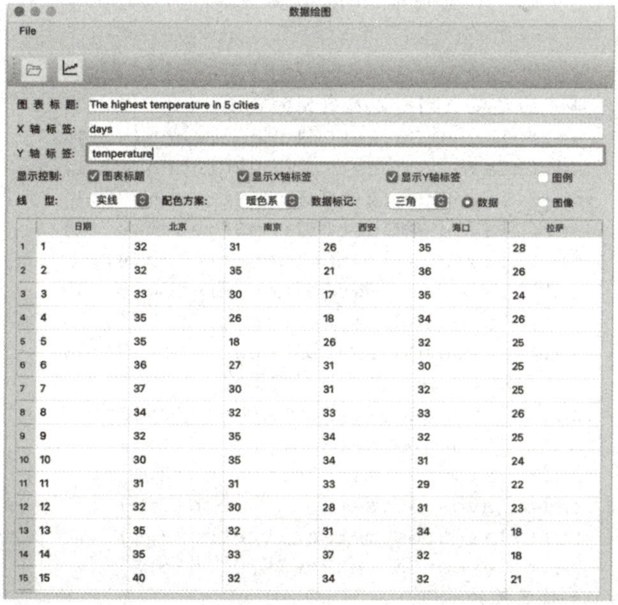

	日期	北京	南京	西安	海口	拉萨
1	1	32	31	26	35	28
2	2	32	35	21	36	26
3	3	33	30	17	35	24
4	4	35	26	18	34	26
5	5	35	18	26	32	25
6	6	36	27	31	30	25
7	7	37	30	31	32	25
8	8	34	32	33	33	26
9	9	32	35	34	32	25
10	10	30	35	34	31	24
11	11	31	31	33	29	22
12	12	32	30	28	31	23
13	13	35	32	31	34	18
14	14	35	33	37	32	18
15	15	40	32	34	32	21

图 9-14　plot 程序执行 load 加载数据到 tableview

学习笔记

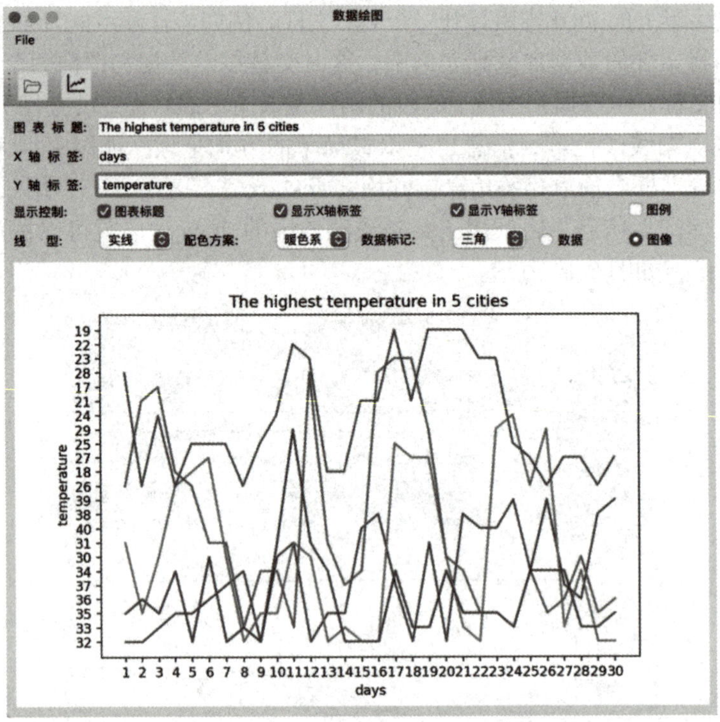

图 9-15　plot 程序切换数据和图表视图

参考提示：

在这里我们需要用到一个新的布局器 stackLayout，用来切换一个图片观察框和数据表格。

程序的定义部分不再赘述，先看布局代码片段（本程序完整代码在本书资源中提供）：

```
        self.layoutGd = QGridLayout()
        # 下面定义 8 列，以及每列的宽度
        self.layoutGd.setColumnStretch(0,1)
        self.layoutGd.setColumnStretch(1, 1)
        self.layoutGd.setColumnStretch(2, 1)
        self.layoutGd.setColumnStretch(3, 1)
        self.layoutGd.setColumnStretch(4, 1)
        self.layoutGd.setColumnStretch(5, 1)
        self.layoutGd.setColumnStretch(6, 1)
        self.layoutGd.setColumnStretch(7, 1)
        # 下面定义 6 列，以及每行的高度
        self.layoutGd.setRowStretch(0,1)
        self.layoutGd.setRowStretch(1,1)
        self.layoutGd.setRowStretch(2,1)
        self.layoutGd.setRowStretch(3,1)
        self.layoutGd.setRowStretch(4,1)
        self.layoutGd.setRowStretch(5,5)
        # 放置控件
        self.layoutGd.addWidget(self.labFigTitle,0,0)
```

```
102         self.layoutGd.addWidget(self.leFigTitle, 0,1,1,7)
103
104         self.layoutGd.addWidget(self.labXTitle,1,0)
105         self.layoutGd.addWidget(self.leXTitle, 1,1,1,7)
106
107         self.layoutGd.addWidget(self.labYTitle,2,0)
108         self.layoutGd.addWidget(self.leYTitle, 2,1,1,7)
109
110         self.layoutGd.addWidget(self.labTitle, 3, 0, 1, 2)
111         self.layoutGd.addWidget(self.chkFig, 3, 1, 1, 2)
112         self.layoutGd.addWidget(self.chkX, 3, 3, 1, 2)
113         self.layoutGd.addWidget(self.chkY, 3,5, 1, 2)
114         self.layoutGd.addWidget(self.chkLegend, 3, 7, 1, 1)
115
116         self.layoutGd.addWidget(self.labLine, 4, 0)
117         self.layoutGd.addWidget(self.cmbLine, 4, 1)
118         self.layoutGd.addWidget(self.labColor, 4, 2)
119         self.layoutGd.addWidget(self.cmbColor, 4, 3)
120         self.layoutGd.addWidget(self.labMark, 4, 4)
121         self.layoutGd.addWidget(self.cmbMark, 4, 5)
122         self.layoutGd.addWidget(self.rbData, 4, 6)
123         self.layoutGd.addWidget(self.rbFig, 4, 7)
124
125         #放 Stack 布局
126         self.laymStack=QStackedLayout()
127         #把表和图放入 Stack
128         self.laymStack.addWidget(self.tabData)
129         self.laymStack.addWidget(self.scPlot)
130         self.laymStack.setCurrentIndex(0)
131         #把 stack 绑定到 widgetPage
132         self.widgetPage= QWidget()
133         self.widgetPage.setLayout(self.laymStack)
134         #把 layoutstack的控件放到 laoutgeid的指定位置5, 0并设置大小 1, 8
135         self.layoutGd.addWidget(self.widgetPage, 5, 0, 1, 8)
```

83～135 行项目布局代码，注意布局开始将 grid 布局定义为 5 行，到第 123 行为止在前四行放置了控件。第 126 行声明了一个 gridstack 控件，128、129 行将表格 self.tabData 和绘图容器 self.scPlot 放在其中，然后将 130-135 行放在一个新声明的 widget(name) 中，并将这个 widget 放在 gridlayout 的第 5 行，至此完成了布局。

第 130 行的 self.laymStack.setCurrentIndex(0) 设置了 StackedLayout 布局的第 0 层被显示，在 241～246 行的 tdChk(self) 函数中的以下语句完成了界面的切换功能。

```
241     def tdChk(self):
242         inx=0
243         if self.rbFig.isChecked():
244             inx=1
245         self.laymStack.setCurrentIndex(inx)
246         return
```

学习笔记

StackedLayout 的原理如图 9-16 所示。控件以层的方式排列在 Stack 布局中，按照放入的次序排列，最先放入的控件所在层的索引为 0。

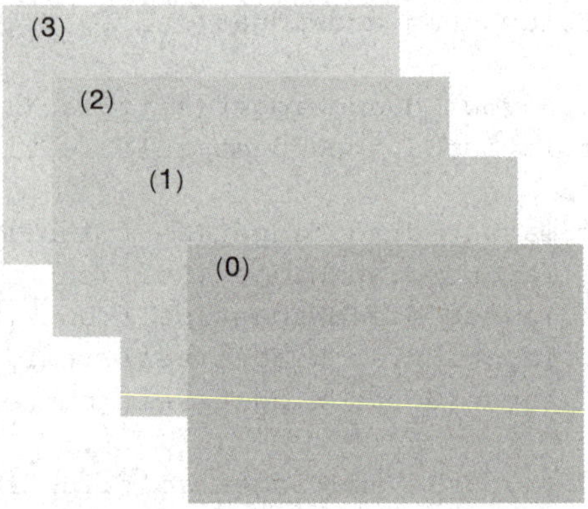

图 9-16　StackedLayout 中层的索引方式

本项目中加入了打开文件功能，在 Aciton “load” 中，先利用第 215 行：ret=QFileDialog.getOpenFileName(filter="*.csv") 的 QFileDialog.getOpenFileNameQt 内置 OpenFile 对话框，选择需要打开的文件，注意这里参数 filter="*.csv" 表示 OpenFile 对话框的选择对象是 csv 后缀文件。确认需要打开的文件后再利用 numpy 的 np.loadtxt 函数读取 csv 文件，这时数据被读入到 numpy 的二维数组，然后获取表头信息，构建了数据表。其中 228 ～ 233 行完成了 numpy 的数组数据到 QStandardItem 的转换，234 ～ 238 行在 self.scPlot 上绘制了简图。

```
214      def load(self):
215          ret=QFileDialog.getOpenFileName(filter="*.csv")
216
217          with open(ret[0], encoding='utf-8') as f:
218              self.data = np.loadtxt(f, str, delimiter=",")
219              f.close()
220          cols=len(self.data[0])
221          self.tabModel = QStandardItemModel(0, cols)
222          # 设置表头
223          self.tabModel.setHorizontalHeaderLabels(self.data[0])
224          # 列宽自适应充满表格
225          self.tabData.horizontalHeader().setSectionResizeMode(QHeaderView.Stretch)
226          # 关联 QTableView 控件和 Model
227          self.tabData.setModel(self.tabModel)
228          for itm in self.data[1:]:
229              lsQMItem=[]
230              for c in itm:
231                  lsQMItem.append(QStandardItem(c))
232              self.tabModel.appendRow(lsQMItem)
233          x1=self.data[1:,0]
234          i=1
235          while i<cols:
```

学习笔记

```
236             self.scPlot.axes.plot(x1,self.data[1:,i])
237             i+=1
238         self.scPlot.draw()
239         return
```

self.scPlot 是一个图像容器，本项目利用 from matplotlib.backends.backend_qtagg import FigureCanvasQTAgg 把 matplotlib 嵌入 pyqt，FigureCanvasQTAgg 相当于 matplotlib 的 figure，所以 236 行的绘图程序用了 axes.plot 绘制折线图，其中 self.data[1:,i] 是利用 numpy 的切片功能获得了绘图参数。

当用户确定绘图细节后在程序 181 ～ 211 行的 draw() 函数中，202 ～ 219 行用一组 if 语句确定了图标标题、数据点标记等一系列绘图属性，第 200 行完成了带线型、颜色、标记属性的图表的绘制。

```
181     def draw(self):
182 
183         self.scPlot.axes.cla()
184         cols = len(self.data[0])
185 
186         x1 = self.data[1:, 0]
187         i = 1
188         #color='green'
189         Ls=["-","--","-.",":"]
190         lsy=Ls[self.cmbLine.currentIndex()]
191 
192         colorCircle=[['#8f11b4', '#aec7e8', '#ff7f0e', '#ffbb78', '#fca02c'],
193                      ['#2727c7', '#3cbd22', '#5bdb8d','#17becf', '#2edae5'] ,
194                      ['#d62728', '#9467bd', '#e377c2', '#f7b6d2', '#7f7f7f']]
195         self.scPlot.axes.set_prop_cycle(color=colorCircle[self.cmbColor.currentIndex()])
196 
197         mk = 'v'
198 
199         while i < cols:
200             self.scPlot.axes.plot(x1, self.data[1:, i],marker=mk, linestyle=lsy,label=self.data[0][i])
201             i += 1
202         if len(self.leFigTitle.text().strip())>0 and self.chkFig.isChecked():
203             self.scPlot.axes.set_title(self.leFigTitle.text())
204         if len(self.leXTitle.text().strip())>0 and self.chkX.isChecked():
205             self.scPlot.axes.set_xlabel(self.leXTitle.text())
206         if len(self.leYTitle.text().strip())>0 and self.chkY.isChecked():
207             self.scPlot.axes.set_ylabel(self.leYTitle.text())
208         if self.chkLegend.isChecked():
209             self.scPlot.axes.legend(title='The highest temperature')
```

学习笔记

```

        self.scPlot.draw()
```

本项目完成了绘图程序的绝大多数功能，项目的完整代码如下所示，运行状态如图 9-17 所示，但是留下了数据点标记的选择功能请读者自行完成。

```
# -*- coding: utf-8 -*-
import sys
from PyQt5.QtGui import QIcon, QStandardItemModel, QStandardItem
from PyQt5.QtCore import Qt,QSize

from PyQt5.QtWidgets import (QApplication,QDesktopWidget,
                             QStackedLayout, QGridLayout,
                             QMainWindow,QWidget,
                             QComboBox, QLabel,
                             QRadioButton, QCheckBox,
                             QLineEdit,
                             QAction, QToolBar,
                             QTableView, QHeaderView,
                             QMessageBox,QFileDialog
                             )
from matplotlib.backends.backend_qtagg import FigureCanvasQTAgg
from matplotlib.figure import Figure
import numpy as np

class MplCanvas(FigureCanvasQTAgg):
    def __init__(self, parent=None, width=5, height=4, dpi=100):
        fig = Figure(figsize=(width, height), dpi=dpi)
        self.axes = fig.add_subplot(111)
        super().__init__(fig)

class Ui_MainWindow(QMainWindow):
    def __init__(self):
        super().__init__()
        self.setWindowTitle("数据绘图")
        #定义 控件
        #lineEdit
        self.labFigTitle=QLabel("图  表  标  题:")
        self.leFigTitle=QLineEdit("")
        self.labXTitle=QLabel("X  轴  标  签:")
        self.leXTitle=QLineEdit("")
        self.labYTitle=QLabel("Y  轴  标  签:")
        self.leYTitle=QLineEdit("")
        #checkBox
        self.labTitle=QLabel("显示控制:")
        self.chkLegend = QCheckBox("图例")
        self.chkFig=QCheckBox("图表标题")
        #self.chkFig.stateChanged.connect(self.habiState)
        self.chkX=QCheckBox("显示 X 轴标签")
        #self.chkX.stateChanged.connect(self.habiState)
        self.chkY=QCheckBox("显示 Y 轴标签")
        #self.chkY.stateChanged.connect(self.habiState)
```

学习笔记

```
        #radiobutton
        self.rbData = QRadioButton("数据")
        self.rbFig = QRadioButton("图像")
        self.rbFig.toggled.connect(self.tdChk)
        self.rbData.setChecked(True)
        #self.tdChk()
        #comboBox 线、颜色、标记
        self.labLine = QLabel("线      型:")
        self.cmbLine=QComboBox()
        self.cmbLine.addItem("实线")
        self.cmbLine.addItem("虚线")
        self.cmbLine.addItem("点线")
        self.cmbLine.addItem("点")
        #self.CmbLine.currentTextChanged.connect(self.lineChk)
        self.labColor = QLabel("配色方案:")
        self.cmbColor=QComboBox()
        self.cmbColor.addItem("暖色系")
        self.cmbColor.addItem("冷色系")
        self.cmbColor.addItem("随  机")
        #self.CmbColor.currentTextChanged.connect(self.colorChk)


        self.labMark = QLabel("数据标记:")
        self.cmbMark=QComboBox()
        self.cmbMark.addItem("三角")
        self.cmbMark.addItem("圆圈")
        self.cmbMark.addItem("正方")
        self.cmbMark.addItem("六边")
        self.cmbMark.addItem("钻石")
        self.cmbMark.addItem("星号")
        #self.CmbColor.currentTextChanged.connect(self.markChk
        #表格
        self.tabData=QTableView()
        #self.tabModel=QStandardItemModel(1, 4)
        #plot 图框
        self.scPlot = MplCanvas(self, width=5, height=4, dpi=100)
        self.layoutGd = QGridLayout()
        #下面定义 8 列，以及每列的宽度
        self.layoutGd.setColumnStretch(0,1)
        self.layoutGd.setColumnStretch(1, 1)
        self.layoutGd.setColumnStretch(2, 1)
        self.layoutGd.setColumnStretch(3, 1)
        self.layoutGd.setColumnStretch(4, 1)
        self.layoutGd.setColumnStretch(5, 1)
        self.layoutGd.setColumnStretch(6, 1)
        self.layoutGd.setColumnStretch(7, 1)
        #下面定义 6 列，以及每行的高度
        self.layoutGd.setRowStretch(0,1)
        self.layoutGd.setRowStretch(1,1)
        self.layoutGd.setRowStretch(2,1)
        self.layoutGd.setRowStretch(3,1)
```

学习笔记

```
        self.layoutGd.setRowStretch(4,1)
        self.layoutGd.setRowStretch(5,5)
        # 放置控件
        self.layoutGd.addWidget(self.labFigTitle,0,0)
        self.layoutGd.addWidget(self.leFigTitle, 0,1,1,7)

        self.layoutGd.addWidget(self.labXTitle,1,0)
        self.layoutGd.addWidget(self.leXTitle, 1,1,1,7)

        self.layoutGd.addWidget(self.labYTitle,2,0)
        self.layoutGd.addWidget(self.leYTitle, 2,1,1,7)

        self.layoutGd.addWidget(self.labTitle, 3, 0, 1, 2)
        self.layoutGd.addWidget(self.chkFig, 3, 1, 1, 2)
        self.layoutGd.addWidget(self.chkX, 3, 3, 1, 2)
        self.layoutGd.addWidget(self.chkY, 3,5, 1, 2)
        self.layoutGd.addWidget(self.chkLegend, 3, 7, 1, 1)

        self.layoutGd.addWidget(self.labLine, 4, 0)
        self.layoutGd.addWidget(self.cmbLine, 4, 1)
        self.layoutGd.addWidget(self.labColor, 4, 2)
        self.layoutGd.addWidget(self.cmbColor, 4, 3)
        self.layoutGd.addWidget(self.labMark, 4, 4)
        self.layoutGd.addWidget(self.cmbMark, 4, 5)
        self.layoutGd.addWidget(self.rbData, 4, 6)
        self.layoutGd.addWidget(self.rbFig, 4, 7)

        # 放 Stack 布局
        self.laymStack=QStackedLayout()
        # 把表和图放入 Stack
        self.laymStack.addWidget(self.tabData)
        self.laymStack.addWidget(self.scPlot)
        self.laymStack.setCurrentIndex(0)
        # 把 stack 绑定到 widgetPage
        self.widgetPage= QWidget()
        self.widgetPage.setLayout(self.laymStack)
        # 把 layoutstack 的控件放到 laoutgeid 的指定位置 5, 0 并设置大小 1, 8
        self.layoutGd.addWidget(self.widgetPage, 5, 0, 1, 8)

        #layoutGd.addWidget(self.scDK,1,0,1,3)
        self.widgetMain = QWidget()
        self.widgetMain.setLayout(self.layoutGd)
        self.setCentralWidget(self.widgetMain)
        # 设计 Toolbar 和 menu 的 Action
        act_load = QAction(QIcon("load.png"),"Load", self)
        act_load.setStatusTip("load datafile")
        act_load.triggered.connect(self.load)

        act_exit=QAction(QIcon("exit.png"),"Exit",self)
        act_exit.triggered.connect(self.close)
```

学习笔记

```
        act_draw=QAction(QIcon("diagram.png"),"Plot",self)
        act_draw.setStatusTip("plot")
        act_draw.triggered.connect(self.draw)

        # 增加 toolbar，并向 toolbar 增加 2 个按钮
        toolbar = QToolBar("mToolbar")
        self.addToolBar(toolbar)

        #toolbar.addAction(act_exit)
        toolbar.addAction(act_load)
        toolbar.addAction(act_draw)

        # 增加菜单，菜单中只有一个主菜单项，其中有 showMessage 和 Exit 2 个 Action
        menubar = self.menuBar()
        menubar.setNativeMenuBar(False)
        fileMenu = menubar.addMenu('&File')
        fileMenu.addAction(act_load)
        fileMenu.addSeparator()
        fileMenu.addAction(act_exit)

        # 设置窗口位置
        screen = QDesktopWidget().screenGeometry()
        # 获取窗口坐标系
        msize = self.geometry()
        sw=screen.width()
        sh=screen.height()
        newLeft = (sw - msize.width()) //2
        newTop = (sh- msize.height()) //4
        self.move(int(newLeft), int(newTop))
        self.setFixedSize(QSize(sw // 2, int(sh*0.75 )))
        return

    def draw(self):

        self.scPlot.axes.cla()
        cols = len(self.data[0])

        x1 = self.data[1:, 0]
        i = 1
        #color='green'
        Ls=["-","--","-.",":"]
        lsy=Ls[self.cmbLine.currentIndex()]

        colorCircle=[['#8f11b4', '#aec7e8', '#ff7f0e', '#ffbb78', '#fca02c'],
                     ['#2727c7', '#3cbd22', '#5bdb8d','#17becf', '#2edae5'] ,
                      ['#d62728', '#9467bd', '#e377c2', '#f7b6d2', '#7f7f7f']]
```

学习笔记

```
            self.scPlot.axes.set_prop_cycle(color=colorCircle[self.cmbColor.currentIndex()])

        mk = 'v'

        while i < cols:
            self.scPlot.axes.plot(x1, self.data[1:, i],marker=mk,linestyle=lsy,label=self.data[0][i])
            i += 1
        if len(self.leFigTitle.text().strip())>0 and self.chkFig.isChecked():
            self.scPlot.axes.set_title(self.leFigTitle.text())
        if len(self.leXTitle.text().strip())>0 and self.chkX.isChecked():
            self.scPlot.axes.set_xlabel(self.leXTitle.text())
        if len(self.leYTitle.text().strip())>0 and self.chkY.isChecked():
            self.scPlot.axes.set_ylabel(self.leYTitle.text())
        if self.chkLegend.isChecked():
            self.scPlot.axes.legend(title='The highest temperature')

        self.scPlot.draw()

        return
    def load(self):
        ret=QFileDialog.getOpenFileName(filter="*.csv")

        with open(ret[0], encoding='utf-8') as f:
            self.data = np.loadtxt(f, str, delimiter=",")
            f.close()
        cols=len(self.data[0])
        self.tabModel = QStandardItemModel(0, cols)
        # 设置表头
        self.tabModel.setHorizontalHeaderLabels(self.data[0])
        # 列宽自适应充满表格
        self.tabData.horizontalHeader().setSectionResizeMode(QHeaderView.Stretch)
        # 关联 QTableView 控件和 Model
        self.tabData.setModel(self.tabModel)
        for itm in self.data[1:]:
            lsQMItem=[]
            for c in itm:
                lsQMItem.append(QStandardItem(c))
            self.tabModel.appendRow(lsQMItem)
        x1=self.data[1:,0]
        i=1
        while i<cols:
            self.scPlot.axes.plot(x1,self.data[1:,i])
            i+=1
        self.scPlot.draw()
        return

```

学习笔记

```
    def tdChk(self):
        inx=0
        if self.rbFig.isChecked():
            inx=1
        self.laymStack.setCurrentIndex(inx)
        return

    def closeEvent(self,event):
        reply = QMessageBox.question(self, '提示',
                                     "是否退出?",
                                     QMessageBox.Yes | QMessageBox.No,
                                     QMessageBox.No)
        if reply == QMessageBox.Yes:
            event.accept()
        else:
            event.ignore()
        return

# Press the green button in the gutter to run the script.
if __name__ == '__main__':
    app = QApplication(sys.argv)
    app.setWindowIcon(QIcon("diagram.png"))
    mwin = Ui_MainWindow()
    # 窗口显示
    mwin.show()
    # 进入程序的主循环，遇到退出情况，终止程序
    sys.exit(app.exec_())
```

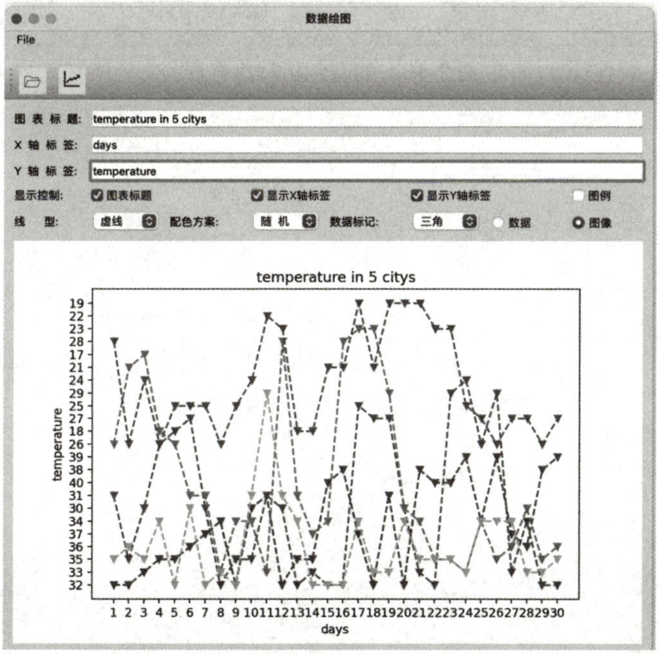

图 9-17　能够设置标签和图线属性的 plot 程序

学习笔记

做做看：请给程序增加 bar、scatter、pie 等图表的绘制功能。

习　题

1. 完成本项目天气图线绘制案例，并添加条带图、饼图、散点图的选择。
2. 完成如图 9-18 的万年历程序界面的设计并完成以下功能：

（1）万年历功能。

（2）将代办事宜加入日历并显示的功能。

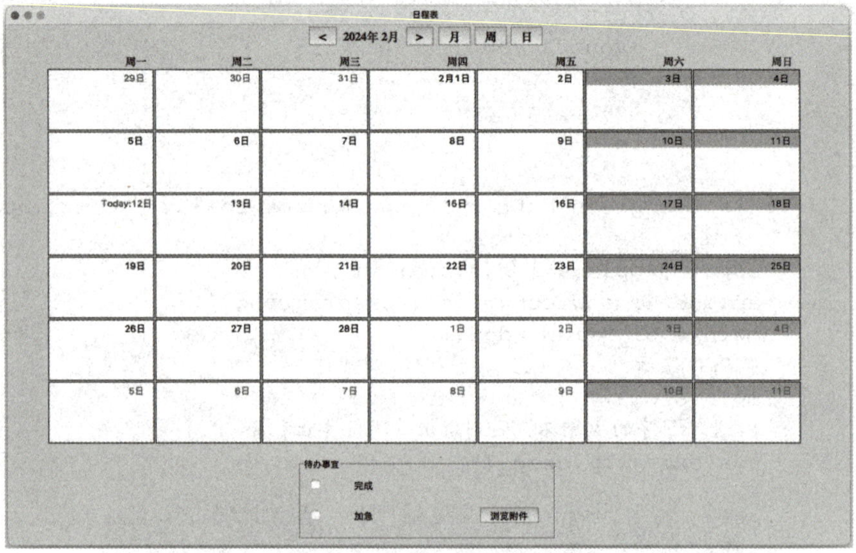

图 9-18　的万年历程序界面